U0009765

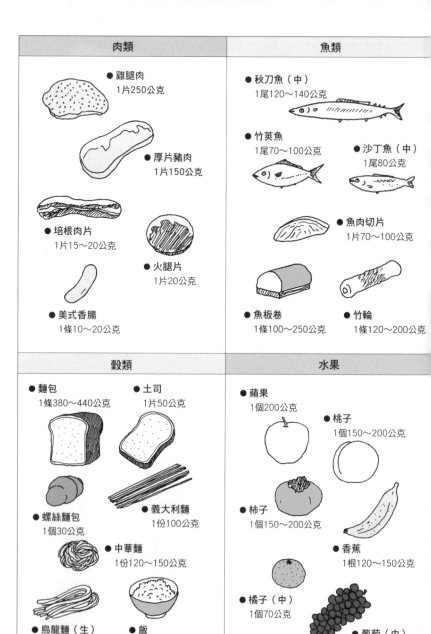

肉類	魚類

肉類

● 雞腿肉
1片250公克

● 厚片豬肉
1片150公克

● 培根肉片
1片15～20公克

● 火腿片
1片20公克

● 美式香腸
1條10～20公克

魚類

● 秋刀魚（中）
1尾120～140公克

● 竹莢魚
1尾70～100公克

● 沙丁魚（中）
1尾80公克

● 魚肉切片
1片70～100公克

● 魚板卷
1條100～250公克

● 竹輪
1條120～200公克

穀類

● 麵包
1條380～440公克

● 土司
1片50公克

● 螺絲麵包
1個30公克

● 義大利麵
1份100公克

● 中華麵
1份120～150公克

● 烏龍麵（生）
1份170～250公克

● 飯
1碗120～140公克

水果

● 蘋果
1個200公克

● 桃子
1個150～200公克

● 柿子
1個150～200公克

● 香蕉
1根120～150公克

● 橘子（中）
1個70公克

● 葡萄（中）
1串100公克

蛋與乳製品	豆類製品

蛋與乳製品

● 蛋　雞蛋
1個50～60公克

鵪鶉蛋
1個10～15公克

● 牛奶
200cc1瓶
210公克

● 起士
1小塊10公克

● 起士切片
1片20公克

豆類製品

● 豆腐
1塊200～400公克

● 油豆腐
1片120～140公克

● 豆皮
1片25～35公克

● 納豆
1盒30～50公克

食品重量的基準

蔬菜

● 高麗菜
1顆 700～1000公克
1片50～60公克

● 白菜
中1顆 1000～1500公克
1片 100公克

● 生香菇
1個
10～30公克

● 番茄
中1個
100～150公克

● 白花椰菜
一顆
300～500公克

● 洋蔥
中1個
200公克

● 小黃瓜
中1條
100～150公克

● 綠花椰菜
一顆
150～200公克

● 青椒
中1個
30～40公克

● 馬鈴薯
中1個
150～200公克

● 蘿蔔
1根
800～1000公克

● 胡蘿蔔
中1根
200～250公克

料理圖鑑

前進廚房的 1500 個 祕訣

作者——越智登代子

繪者——平野惠理子

料理図鑑—
生きる底力をつけよう

培養「生存」的基本能力！

　　剛出生的嬰兒還沒睜開雙眼看到媽媽的臉，自己就會靠近母親的懷抱用力吸吮著母乳。

　　這是因為連嬰兒都知道「吃」是生命最基本的需求。

　　從母奶獲得營養成長，然後慢慢開始添加副食品，慢慢減少母乳，最後完全斷奶。

　　你不也是這樣長大的嗎？就算爸爸媽媽不發出「啊姆～」的聲音叫你張開嘴，你也知道肚子餓了要吃東西。既然民以食為天，煮東西給自己吃當然是每個人都應該具備的本事。

　　但是，肚子餓了就只會說：「好餓喔！有沒有飯吃？」大部分的人都要依賴別人才能填飽肚子，這樣不是很奇怪嗎？

　　「做菜好像很麻煩」、「不知道該怎麼做」…一開始或許有人會這麼想，但是只要具備基本的常識並且養成良好的烹飪習慣，任何人都可以在自己肚子餓的時候，做自己喜歡的食物，填飽自己的肚子。

　　對於不擅長做菜或是認為做菜很麻煩的人來說，這本書就是最好的幫手。透過簡單的說明與有趣的插畫，輕鬆引領你進入烹飪的世界。

　　想動手做菜的時候就動手做做看，也可以和家人一起做出自己喜歡吃的菜，就算剛開始的時候做得不夠好，還是可以充分享受到做菜的樂趣。從享受做菜的樂趣開始，慢慢就會成為廚藝高手。

　　肚子餓的時候或是嘴饞的時候，自己動手做出自己想吃的東西，這可以說是自力更生的第一步。

　　所以說，做菜是生活必備的基本能力。

媽媽今天休假嗎！？

星期天的早上──

平常生龍活虎的媽媽今天因為感冒躺在床上。

早！
今天就讓我們三個人一起做頓早餐吧！

什麼，媽媽呢？

怎麼會這樣…

你們兩個喜歡吃什麼？

我要吃義大利麵

我要吃咖哩、拉麵和炒麵…

小孩子果然喜歡媽媽不在呀
那麼，今天早餐做什麼好呢？

那就選
三明治好了！

蛋包飯
咖哩
三明治
炒麵
義大利麵
拉麵

那麼，就來做三明治好了！

找看看冰箱裡有什麼！

啊！有火腿和果醬

喂，趕快關門！

還有小黃瓜

➡P.120「冰箱」

<材料>4人份

土司（薄片）…1袋
➡P.150「麵包」

奶油（乳瑪淋）… 適量
➡P.302「油」

美奶滋…適量
➡P.303「美奶滋」

無法全部備齊也沒關係

黃芥末醬…1大匙
（與美奶滋攪拌在一起）

火腿…3～4片　　➡P.168「加工肉品」

白煮蛋…1～2個　➡P. 204（作法）

馬鈴薯沙拉…適量　➡P.240（作法）

鮪魚罐頭…1罐　　➡P.286「罐頭」

蔬菜（小黃瓜、番茄、萵苣等）
➡P.213「蔬菜類」

果醬…適量　　➡P.358「果醬與醬汁」

開始前請先洗手！
➡P.128「正確的洗手方法」

1. 把奶油（乳瑪淋）塗在土司上

只要塗單面喔

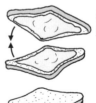

把塗奶油的一面
貼在一起。

全部塗完以後再塗
美奶滋。

4

2. 放在自己喜歡的器皿上

火腿

火腿三明治
烤過也很好吃

蛋

切三明治時要把
手指張開按緊，
這樣才會切得漂亮

馬鈴薯
沙拉

麵包夾緊，
把裡面的
材料壓緊。

切開

啊，媽媽要
好好休息
才行！

做好了！

好吃！

這個是
我做的

媽媽多
吃一點

謝謝！
好好吃喔

以後每個星期天，就是
小朋友的烹飪教室時間！

太棒了！
下個星期要做蛋包飯

5

下一個星期天————

喔！今天是要做
蛋包飯的日子…

可是，
我還想睡

好睏

好睏

對啊！對啊！

好睏

各位 起床、起床了
開始烹飪教室囉！

大家一起做蛋包飯！

<材料>4人份

火腿（雞肉）…100～200公克

洋蔥… 1個 　　　　　　➡P.222「洋蔥」

蛋…1人2個 　　　　　　➡P.202「蛋」

菇類（現成的最好） 　➡P.248「菇類」

冷飯…4碗

　　　➡P.34「炊煮」、➡P.138「米」

番茄醬…適量 　　　　　➡P.304「醬汁」

雞高湯…適量 　　　　　➡P.82「高湯」

鹽…少許 　　　　　　　➡P.296「鹽」

沙拉油…適量 　　　　　➡P.302「油」

1. 炒在飯裡的材料 ➡P.58「炒」

※①～④的順序

平底鍋熱鍋後
加入油和材料

材料切成
1公分大小
的塊狀

①沙拉油
3大匙

③火腿或雞肉

雞肉炒到中間
的肉熟

②洋蔥
炒到透明狀。

④菇類

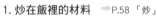

2. 加飯

秘訣是炒冷飯之前
先用微波爐加熱。

➡P.110「微波爐」

3. 調味

胡椒少許

番茄醬
5～6大匙

鹽
1小匙

雞高湯
少許

4. 裝盤 ➡P.88「裝盤」

將1人份的量整理成山丘的形狀。

5. 製作蛋皮

1人份。

鹽少許

蛋
1～2個

澆一點油。

裡面凝固後
即可翻面。

用小火將單面煎到
半熟。

拌勻，
用叉子比較方便

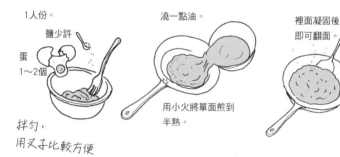

6. 盛起蛋皮

放在飯上
整理形狀。

中央用叉子切成X形，
淋上番茄醬。

做好了
做得真棒！

好吃～
我是小天才

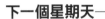

下一個星期天————

那～
今天是咖哩飯

這是爸爸最拿手的了
太簡單了，
我會告訴你們
怎麼做才最好吃。

真的？

爸爸真的
沒問題嗎？

做咖哩了！

<材料> 4人份

豬肉…400～500公克　➡P.156「豬肉」

洋蔥…2～3個

胡蘿蔔…1～2條　➡P.216「胡蘿蔔」

馬鈴薯…3～4個　➡P.240「馬鈴薯」

市售的咖哩塊（2種）

香菇罐頭…1罐

沙拉油…適量

鹽…少許

胡椒…少許　➡P.308「辛香料」

使用家裡現有的材料就可以了

肉豆蔻、酒（紅酒）、香料包（P.236）

1. 切蔬菜　➡P.76「切」

不要切到手！　➡P.124「菜刀」

切好了！

洋蔥	胡蘿蔔	馬鈴薯

切細絲	隨意切	8等分

2. 炒材料

使用大而深的鍋子

※①～⑥的順序

②洋蔥
小火炒到透明。

③豬絞肉
（肉豆蔻、酒、胡椒少許）
炒到完全變色。

①沙拉油
2大匙

④胡蘿蔔
表面快炒。

⑤馬鈴薯
表面快炒。

香料包

⑥水
依照咖哩塊包裝的標示

3. 煮 ➡P.30「燉煮」

①一面用中火煮，一面
撈起浮起的湯渣。
➡P.44「去除湯渣」

②放入咖哩塊。
這時一定要關火，
充分攪拌。

秘訣是中辣與甜味
各放入一半！

煮到材料
變軟。

咖哩塊溶化之後，
關小火煮到變成
膏狀。

不斷地從
鍋底攪拌。

4. 裝盤

最後把蛋黃打在上面
這就是爸爸做的咖哩
➡P.203「將蛋白與蛋黃分開的技巧」

小心燙喔！

做好了！

9

再下一個星期天──

那烹飪教室怎麼辦？

你要出去喔？

雖然有點早，不過今天是爺爺的生日，我要去買禮物。

那今天就我們三個人來做炒麵好了

一起做炒麵！

<材料>4人份

中華麵…4份	➡P.142「中華麵」
豬肉（薄片）…約200公克	
高麗菜…1/2顆（小顆的1顆）	
	➡P.225「高麗菜」
沙拉油…1大匙	
醬汁…適量	➡P.304「醬汁」
濃縮雞湯…1包	
鹽、胡椒…少許	
配料依個人喜好	
青椒	➡P.220「青椒」
豆芽	➡P.238「豆科的蔬菜」
洋蔥 胡蘿蔔	
紅薑 柴魚	

1. 切配料 ➡P.76「切」

高麗菜
切一半
去心
切片再切碎

胡蘿蔔
切丁

洋蔥
切薄片

豆芽
洗過瀝水

豬肉
切成條狀

2. 炒配料

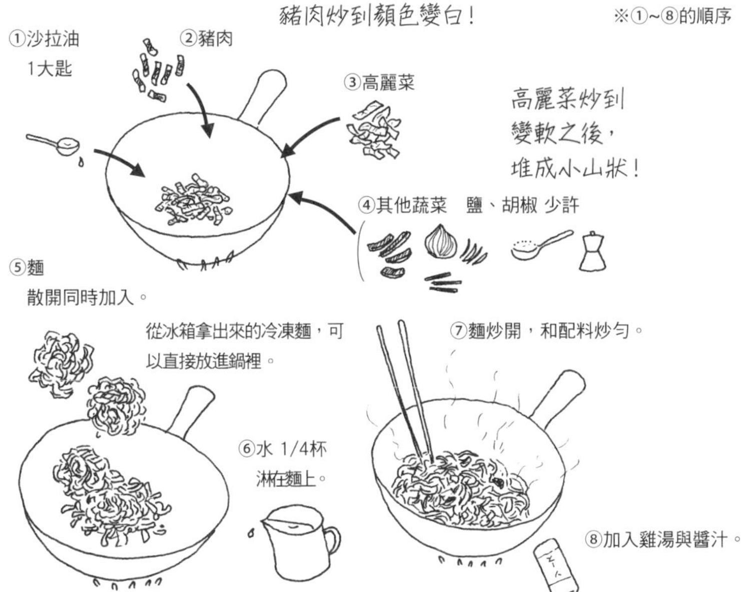

豬肉炒到顏色變白！

※①～⑧的順序

① 沙拉油
1大匙

② 豬肉

③ 高麗菜

高麗菜炒到
變軟之後，
堆成小山狀！

④ 其他蔬菜　鹽、胡椒 少許

⑤ 麵
散開同時加入。

從冰箱拿出來的冷凍麵，可
以直接放進鍋裡。

⑦ 麵炒開，和配料炒勻。

⑥ 水 1/4杯
淋在麵上。

⑧ 加入雞湯與醬汁。

3. 裝盤

依喜好加上紅薑和柴魚等。

盛在大盤裡
就是一道佳餚。
要吃多少盛多少。

請用
好吃嗎？

嗯！

好吃

喔！
還滿重的呢！

又到了下一個星期天———

「媽媽的休息日」，
我們來做義大利麵吧！

做什麼好呢？

今天做什麼？

嗯！
就做這個

我們來做爸爸喜歡的
番茄肉醬義大利麵！

贊成！

＜材料＞4人份

義大利麵⋯300～400公克
　　　　　➡P.148「義大利麵」
牛絞肉（或是混合絞肉）⋯500公克
　　　　　➡P.164「牛肉」

洋蔥⋯1～2個
番茄罐頭⋯1罐
乾燥月桂葉、肉豆蔻、鹽、胡椒⋯少許
橄欖油（奶油）⋯適量　➡P.302「油」
大蒜⋯1～2瓣　➡P.308「辛香料」
起士粉⋯適量　➡P.210「起士」

1. 製作醬汁

①橄欖油
2大匙

③炒絞肉。
炒到肉變白。

②大蒜與洋蔥切絲炒過。
小火慢炒，炒到透明。

④壓碎馬鈴薯，再用小火煮到爛。
（加入奶油，拌勻）

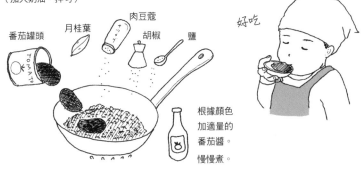

月桂葉

肉豆蔻

番茄罐頭

胡椒 鹽

好吃

根據顏色
加適量的
番茄醬。
慢慢煮。

2. 煮義大利麵 ➡ P.149「煮義大利麵的方法」
（醬汁先煮好）

嗯！
煮得差不多了

①加入足夠的熱水，加鹽1～2大匙，
　滴入2～3滴的橄欖油。
　（注意義大利麵不能黏在一起，水不要滿出鍋子）

②義大利麵轉一轉
　放進鍋裡。
③還沒有到袋子標
　示的時間前先咬
　一根麵試看看。

不要太熟

3. 裝盤

義大利麵裝在盤子裡，　最後灑起士粉。
淋上熱醬汁。

爸爸是大盤的！

好賊喔！

又到了星期天——

今天又是
「媽媽的休息日」
下次媽媽也
一起加入吧！

我要做拉麵！
還要加蛋喔！

那我去
買麵和蛋
好了！

拉麵的作法！

<材料>4人份

中華麵…4球

高湯…6～7杯

醬油…4～5大匙　　　　➡P.299「醬油」

酒…1～2大匙　　　　　➡P.306「味淋、料理酒」

麻油…1～2大匙　　　　➡P.302「油」

鹽…少許

（配料依喜好）

叉燒　　　　　　　　　➡P.158（作法）

蔥　　　　　　　　　　➡P.230「蔥」

魚板捲　　　　　　　　➡P.198「煉製的食品」

白煮蛋

竹筍乾

1. 製作高湯

①在水中加入高湯。

②放入調味料。

醬油

酒

鹽

麻油

醋（依喜好）

③湯滾以後先試
味道，適度調
味後，關火。

2. 煮麵

在煮沸的熱水裡
加入2～3小匙
的鹽。

①一面將麵搓開，一面把
麵放進沸水裡，未到包
裝標示的煮沸時間之前
先試吃一條。

視麵在鍋裡
煮的狀況
調整火力

②煮好了以後，
把水瀝乾。

湯很燙，
要小心喔！

→P.115「燙傷該怎麼辦？」

3. 盛麵

①在碗中加入熱湯約七分滿。

②麵放進碗裡。

③加配料。
蔥切成條狀（P.231）
用剩下的熱湯燙一下。

把剩下的湯加進碗裏
拉麵做好了。

做好了！

小心碗很燙

我要放
二個蛋！！

爺爺生日的時候
要吃什麼好呢？

大家一起
吃火鍋吧！

那麼，爺爺生日的時候，
就在我們家辦
慶生會吧！

到了爺爺生日這天…

鏘～鏘～

好了！大家來吃火鍋囉！

湯裡可以加餛飩，
也可以加餃子

→P.143「簡單的鍋燒麵」
→P.294「皮的包法」

認識更多飲食的常識！

目錄

烹飪術語110

烹飪用具

食材入門

＜食材入門＞ 穀類

＜食材入門＞ 肉類

＜食材入門＞ 魚貝類

<食材入門> 乾貨類

<食材入門> 豆類及豆類加工品

<食材入門> 水果

快樂的烹飪時間

資料篇

烹飪術語110

相信許多人都有這樣的經驗,翻開食譜想做些什麼的時候,結果全都是自己看不懂的名詞,於是打消念頭,闔上食譜,再也不碰它。這裡就先告訴大家一些食譜上常用的術語及菜名,認識這些基本常識之後,相信以後看到食譜,就不會因為看不懂而不想跨出第一步了。

分量的估算方法——目測法與手測法

除了可以使用測量器具正確計算出分量之外，沒有器具的時候也可使用手、眼睛，或是身邊的東西來估算。甚至可以用直覺判斷出適當的分量。

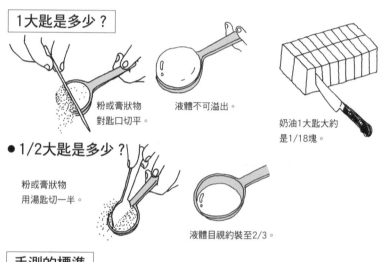

1大匙是多少？

粉或膏狀物
對匙口切平。

液體不可溢出。

奶油1大匙大約
是1/18塊。

● 1/2大匙是多少？

粉或膏狀物
用湯匙切一半。

液體目視約裝至2/3。

手測的標準

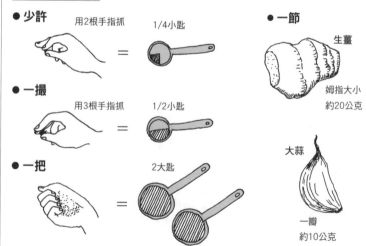

● 少許　　用2根手指抓

＝　　1/4小匙

● 一撮　　用3根手指抓

＝　　1/2小匙

● 一把

＝　　2大匙

● 一節

生薑

姆指大小
約20公克

大蒜

一瓣
約10公克

善用測量器具

食譜中寫的重量是
去皮以後的重量

● **秤重**（測量物至少要5公克以上）

食材放在秤的中央。

從正面讀取刻度。

● **量匙**（至少有5cc與15cc）

● **量杯**（有把手的比較方便）

15cc

10cc

5cc

抹子

200cc

● **牛奶瓶**
180cc

● **小酒瓶**
140cc

● **杯子**
180cc

● **咖啡杯**
200cc

● **湯杓**
50　60cc

● **味噌**

手指圍一圈
1碗的分量

● **剁碎的蔬菜**

1日所需的量：黃綠色蔬菜200 公克、淡色蔬菜100公克

單手掌
約100公克

雙手掌
約300公克

你家使用的鍋杓幾杓
是1杯的分量呢？

動手試試看

記住自己的手掌與
手指的長度。

測量材料的時候
隨時可以使用。

火候的控制——基本與要訣

烹飪時一定要用到的就是火，火候控制得好不好關係著菜餚是否美味。「小心用火」是很重要的一件事，做菜的基本原則當然是安全第一。

用火前的注意事項

1. 火是靠氧氣燃燒的，一定要保持空氣流通。
2. 別忘了安裝換氣扇等保持空氣流通。
3. 火源的周圍不要放置多餘的物品。仔細檢查上下左右。
4. 小心燙傷！烹調器具或火源附近溫度會變高。
5. 握住鍋子把手時，請使用乾布或是隔熱手套。
6. 溼毛巾會傳熱，容易造成燙傷。
7. 注意避免衣服等靠近火源。

※萬一燙傷請參閱P.115的處理方法

控制火候的基本

大火
火焰超出鍋底。

中火
大火與小火之間。

小火
火焰小到不熄滅。

「文火」指的是長時間加熱也不會燒焦或熄滅的小火。瓦斯器具沒有文火功能時，可以使用小火。

烹飪術語

● **餘熱**

關掉火源之後
剩下的熱度。

● **保溫**

溫度較低，不冒煙的程度。

冷水降溫

鋪上溼毛巾

扇子搧

● **開火**

加熱。

● **燒烤**

表面加熱，火不進入食材內部。

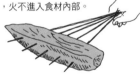

● **大火的遠火**

（烤魚時最好的火候控制方式）

為了讓食材表面顏色保持適度的焦黃，
但內部烤熟，整個食材都必須有熱空氣通
過，所以使用大火但遠離的方式燒烤。
烤網與叉子先抹過熱油比較不容易沾黏。
叉子最好先熱過再使用。

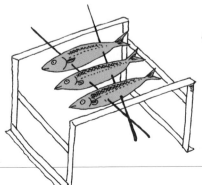

29

燉煮———基本與要訣

將食物裝在鍋子裡咕嚕咕嚕的燉煮，是利用水傳熱的特性烹調食物，和水煮不一樣。燉煮是烹調最基本的方法之一。

「燉煮」和「水煮」有什麼不同？

● **燉煮** 把食材煮到軟，同時調味。　● **水煮** 讓食材變軟，同時去除澀味與苦味的預備動作。

用鍋蓋。　　　　主要是調味過的湯汁。

主要是使用清水。

※詳細請參閱P.32

鍋子的種類與煮的量

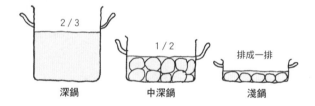

2／3　深鍋

1／2　中深鍋

排成一排　淺鍋

煮食的基本

1.為了保留食物本身的美味，魚貝類海鮮等到湯汁煮滾之後再放食材。
2.根莖蔬菜類可以直接水煮，或是切成薄片用汆燙的方式。
3.葉菜類使用汆燙。

煮魚的要訣

下面鋪竹葉或是鋁箔紙，魚比較不會碎。

・煮魚時，魚肉易碎，所以不要疊在一起煮。
・煮好盛盤時，上面放在表面。
・水滾之後再放魚。

烹調術語

● 燉

以足夠的湯汁長時間熬煮食物。
牛肉、關東煮

● 熬煮

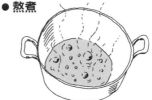

湯汁加熱，煮出食材美味的湯汁。
海鮮濃湯

● 醬燒

以足夠的醬汁燒煮，將醬汁的美
味煮入食材裡。豆腐鍋

● 快煮

煮沸的瞬間就關火。味噌湯就是
這種煮法。

● 紅燒

以醬油提味。

● 乾燒

煮到湯汁收乾。煮馬鈴薯

● 煮成肉凍

魚肉或豬肉煮後，放置等
待結成肉凍狀。

● 燒酒

將酒或味淋等放在鍋裡，
煮到酒精成分揮發。

● 熬煮高湯

將柴魚或小魚乾的味道
煮進湯裡。

水煮———基本與要訣

將食材放進足夠的水或湯汁中加熱的烹飪法。大多不調味，做為食物烹調時的預備動作。

水煮的目的

1. 去除苦澀味

山菜等

2. 增加色澤

葉菜類

3. 預煮

— 大多不加蓋。

不易煮熟的食材先預煮。

水煮蔬菜的方法———冷水放入？還是熱水放入？

● 綠色的蔬菜
水滾再放入

煮過以後用扇子搧涼。

煮過以後用冷水沖。

● 白色的蔬菜
冷水放入或滾水放入均可

從較硬的部分放入水中。

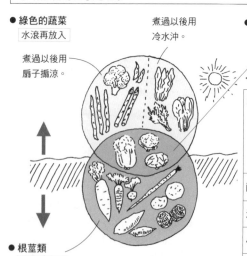

● 根莖類
冷水時放入

＜煮的時候要添加的調味料＞

鹽	可以讓蔬菜的色澤更加鮮豔，讓魚貝類的蛋白質凝固，消除食材的苦味，保持食材表面的黏性。
醋與小麥	讓花椰菜更白。
洗米水	減少竹筍的苦味。
小蘇打	中和食材中的灰汁。
粗茶	保持章魚鮮豔顏色。

烹飪術語

● 汆燙

在滾水中燙一下。

讓食材表面凝固，防止味道或營養流失。還可以殺菌。

● 隔水加熱

把裝食材的容器放到熱水中加熱。

不會超過100℃，所以不會燒焦。

熱水

● 燜燒

保留湯汁，蓋上蓋子燜燒。

可以保持食材光澤、美味與膨鬆感。

● 煮沸後去水

煮後將湯汁倒掉。

去除污泥或是湯渣。

● 涮鍋

生魚或生肉在熱湯鍋中涮一下。

馬上放進冰水裡。

只有表面凝固或是顏色變白。

33

炊煮——米飯的炊煮方法、基本與要訣

說到「炊煮」我們馬上就會聯想到米飯。一樣是隔水加熱，為什麼不叫做「煮」呢？這是因為「炊」包括了煮與蒸。只要知道技巧，不使用電鍋也可以煮出美味的米飯。

炊煮米飯的基本方法

1. 洗米。無洗米只要沖一下就可以了。
2. 炊飯前米先泡過水，夏天約30分鐘，冬天約1小時，讓米充分地吸水。
3. 因為是「煮」與「蒸」同時進行，所以重點在於水量火候的控制。

洗米時使用篩子更方便。

搭配較厚重的鍋蓋和鍋子。

● **水量控制**

舊米　水1.3倍
（新米出產前一年的米）

普通米　水1.2倍

新米　水1.1倍
（剛收成的米）

● **稀飯的炊煮方法** ●

＜對米1份的比例＞
全稀飯…………水5倍
七分粥…………水7倍
五分粥…………水10倍
三分粥…………水15倍
（水較多的稀飯）
大火將水煮開之後，再用小火煮30分鐘，注意湯汁不要滿出來。

● 用鍋子煮好吃的米飯

①大火煮到沸騰。

②沸騰之後再用小火煮大約20分鐘。

③煮到水分剩下剛好時，關火燜10～20分鐘。

④從底部慢慢翻起，讓水分散出。

用電鍋煮飯時也別忘了最後要燜。

量米杯1杯=180cc
（使用200cc水杯量米時，注意水量的多寡）

● 時間太趕的話就用溫水煮飯

煮飯的時間不夠時，用溫水煮飯可以加速米的水分吸收。一次煮7杯以上的米時，在米裡加入煮沸的水，攪拌均勻後再煮，這樣就可以煮出美味的米飯。

● 煮菜飯（加入配料）的重點

水量是米的1.3～1.4倍。火候控制的重點是延長小火時間，蒸的時間延長5分鐘。

動手做做看

· 用電鍋同時煮「飯」與「稀飯」

在深碗中裝稀飯的米與水，水量依濃稠度的喜好。這樣就可以一次煮出飯與稀飯。

鍋蓋────靈活運用的方法

鍋蓋的用途並不只是為了掩蓋味道，烹飪時善加運用鍋蓋也是一項非常重要的技巧。

鍋蓋的種類與使用方法

木鍋蓋

為避免味道或是食材殘留，鍋蓋先弄溼再使用。

紙鍋蓋

用過即可拋棄，可以用來去除雜質。

金屬鍋蓋

平底鍋等高溫烹調時使用。

萬能鍋蓋

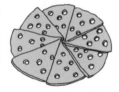

鍋蓋可以伸縮，可依鍋子大小改變鍋蓋大小。

玻璃鍋蓋

可以看見內容物，烹調時非常方便。

鋁箔紙

可以用來密封烹調的食物。

盤子

可以當成鍋蓋使用。

鍋蓋使用的技巧

● **鍋蓋完全蓋密**

燉肉塊、煮關東煮或煮稀飯時，鍋裡的食材要全部熟透，鍋蓋就要完全蓋密。

「煮飯時不能掀鍋蓋」這是媽媽經常掛在嘴邊的話，還沒煮好不可以掀開鍋蓋偷看。

● 開一點鍋蓋

· 避免湯汁冒出來時。
· 烹調魚肉等容易殘留腥味時。

● 不要蓋鍋蓋

· 要讓湯汁等水分散發出來時。
· 煮麵等湯汁容易溢出時。

● 下蓋式鍋蓋的功效

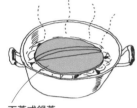

下蓋式鍋蓋
鍋蓋直接蓋在鍋裡的食材上。
· 所有食材都可以浸泡到少量的湯汁。
· 防止食材煮破。
· 防止豆類或是較輕的食材浮起。

● 用鋁箔紙做的鍋蓋

中間要挖個洞。

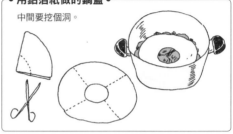

● 蓋雙重蓋子

雙重鍋蓋
先蓋一個下蓋式鍋蓋，再蓋上鍋蓋。
· 不但可以防止食材浮起，還可以讓全部的食材均勻受熱。

動手做做看

· 2種不同的荷包蛋
荷包蛋的作法有使用鍋蓋和不使用鍋蓋兩種。使用鍋蓋的話，可以讓熱更快地傳遞到每一處。要讓蛋黃表面看起來比較白時，可以加1～2大匙的水再蓋上鍋蓋。

剝除———基本與要訣

蔬菜的皮與種子應該怎麼處理呢？直接食用比較簡單方便，但也有些必須剝皮或去籽。

哪些部分是皮?

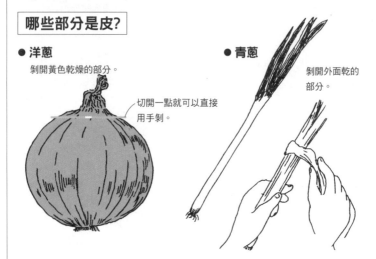

● 洋蔥

剝開黃色乾燥的部分。

切開一點就可以直接用手剝。

● 青蔥

剝開外面乾的部分。

非去除不可的馬鈴薯肉芽！

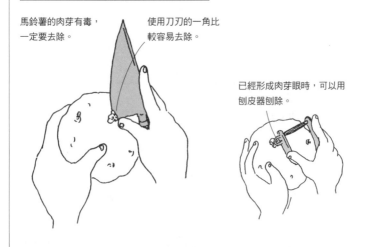

馬鈴薯的肉芽有毒，一定要去除。

使用刀刃的一角比較容易去除。

已經形成肉芽眼時，可以用刨皮器刨除。

剝皮、去籽的方法

● **新摘的馬鈴薯**

用刷子刷乾淨。

● **牛蒡**

● **番茄**

用熱水剝皮。
（參閱P.221）

● **蘆筍**

只要把根部硬皮削
掉即可。

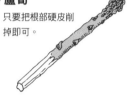

● **南瓜**

煮過的南
瓜從斑紋
處剝皮。

用湯匙挖出籽來。

● **蜂斗菜**

煮過之後
在水中
剝皮。

● **高麗菜或萵苣**

剝除外側損壞的葉子，切取要炒的部分。

● **帶莢豌豆**

去除筋。

● **蘿蔔、紅蘿蔔及番薯**

皮太硬時要刮除。

烤番薯時連皮一起烤。

● **山藥**

用湯匙刮皮。

清洗——食材的洗滌方法

烹飪的第一步就是洗菜。一般的食譜或是烹飪節目都會省去洗菜的步驟，其實洗菜是件非常重要的事。有些食材是一定要經過清洗的，有些則是不洗比較好。

清洗的目的

1. 去除表面污垢
2. 去除泥土
3. 沖去表面的農藥
4. 去除黴菌
5. 增進口感

清洗的基本方法

● 放在容器裡洗

> **要訣**

多換幾次水比一次用
多一點水更重要。

● 用水沖洗

形狀容易被破壞的食材
可以用沖洗的方式。

不要洗的食材

● 生香菇

用擰乾的布擦拭菇
傘的內側。

● 魚片、肉

會洗去肉質的美味。
用紙巾吸去水分。

● 蛋

清洗時水會從蛋殼縫隙
滲進裡面。
太髒時，烹調前再洗一下。

各種食材清洗的方法

● 青菜

①將菜梗插進水裡，分成數等
　分。這樣不但較易清洗根部，
　蔬菜的口感也較好。

②根部切成十字狀。

③沖洗乾淨。

● 萵苣

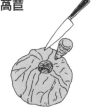  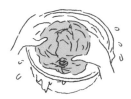

①把菜心挖出來。

②從挖出菜心的孔沖洗。

③把葉子剝在盆子裡，
　用水洗乾淨。

● 高麗菜　　● 沾了泥巴的蔬菜　　● 裝袋的蔬菜　　● 滑子菇

剝下要用的菜葉，沖洗
乾淨。

用刷子清洗。

大多有漂白水，所以
要浸泡10～15分鐘。

用熱水燙過。

● 去殼貝類　　　　● 蛤蜊　　　　● 細麵

用3%的鹽水搓洗後，再用
清水沖洗乾淨。

吐過沙以後搓洗貝殼去
除污垢。

燙過以後用水洗一下。

脫水、沖水——基本與要訣

烹調食物不可或缺的就是水。除了炊煮時要用水之外，還有脫水或沖水等很多水的使用方法。

| 脫水的方法 | 脫水…去除食材上多餘的水分。

● 手擰

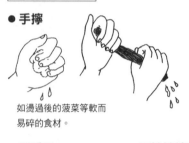

如燙過後的菠菜等軟而易碎的食材。

● 脫水器

生菜的葉子

● 用手甩

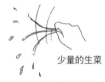

少量的生菜

● 用捲簾擰乾

燙過的蔬菜可以脫水同時讓形狀美觀。

● 篩子

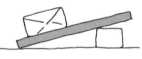

麵類的食材

| 豆腐的脫水 |

● 放上重物

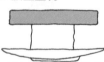

用布或紙巾包住豆腐，再用砧板或是木蓋、盤子等壓住。

● 傾斜脫水法

把豆腐放在砧板上，傾斜放置。

● 豆腐脫水的標準 ●

		放在砧板上的時間		
	脫水前	10分鐘 約脫水10%	15分鐘 約脫水15%	30分鐘 脫水30～50%
		炸豆腐等	烤豆腐串等	炒豆腐等

沖水的目的

1. 讓燙過的青菜色澤更鮮美

   （保持蔬菜的色澤）

2. 防止燙得太熟

3. 去除浮沫、湯渣等不要的成分

4. 增加水分、增加美味

要沖水？還是不要沖水？

食材有些燙過後要沖水，
有些不必沖水。

● **要沖水的　青菜類**

迅速冷卻，趁著食物美味還沒
流失時趕快撈起。

● **不要沖水的　固體蔬菜類**

放在篩子上放冷。

動手做做看

· 美味涼拌洋蔥

① 將洋蔥切絲，用少許鹽
搓過，包在布裡，用手
擠出多餘汁液。

②用水沖洗乾淨，
用手擰乾。

加醋、柴魚、醬油。這樣做出
來的涼拌洋蔥一點都不辣，
非常美味。

去除湯渣———基本與要訣

湯滾了以後，表面會浮起一層殘渣，經過一段時間之後仍然不會消失，這就是湯渣（灰汁、浮沫）。

湯渣是怎麼產生的？

湯渣是因為水沸騰時，食材中的苦味、澀味與異味溶解在水中形成的。主要的成分是鉀，大量攝取對人體健康並不好。

去除湯渣的方法

● 煮出

一煮就會浮在表面。
用杓子撈起。

用水沖掉黏在杓子底部的浮沫。

● 燙煮

燙煮幾分鐘後將湯汁倒掉。
蒟蒻、芋頭、青菜、豆類等

蜂斗菜大部分是人工栽植的，煮的時候比較不會產生浮末，不用先在板子上搓揉（P.47），只要汆燙一下就可以了。

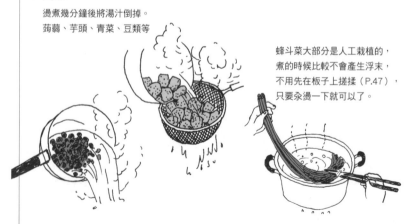

● 浸泡

· 泡水

灰汁的成分一與空氣接觸就會氧化變黑。

食材一切開馬上就會被水吸收溶解出灰汁。

番薯、馬鈴薯、茄子等

要訣 浸泡太久也會影響口感，大約
10分鐘即可撈起。

· 浸泡醋水

牛蒡、蓮藕與獨活等就要浸泡醋水。

● 醋水的作法 ●

每1公升的水加入
1～2大匙的醋。

· 洗米水

竹筍或花椰菜用洗米水燙一下。

可以在1公升的水裡加入
15公克的米代替。

預備工夫──基本與要訣

會不會做菜就看預備工夫做得好不好。只要運用一些小技巧就可以讓菜色更加美味。

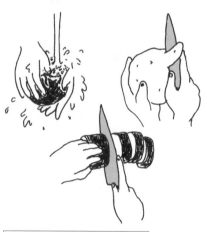

預備工夫有哪些？

做菜之前的預備工夫。

1. 洗
2. 切
3. 剝皮
4. 去除不要的部分與去除雜質
5. 浸泡
6. 預醃
7. 汆燙（預燙）

預備工夫的進行方法

● 預燙

| 芋頭 | 水煮竹筍 | 舞菇 |

用鹽搓一下再燙。不但可以去除泥土，還可讓味道更棒。

用水燙1～2分鐘，去除包裝液體的味道。

做為火鍋料時，使用前汆燙一下，這樣火鍋湯汁才不會變黑。

● 去除多餘油脂

油炸、煎煮物、豆餅等

澆一下熱水可以沖出多餘的油脂，去除油腥味，讓味道更爽口。

● 切筋骨

厚切肉片

烹調前先用刀子或是叉子將筋切掉比較容易食用。

● 吐砂 (P.189)

貝類

使用前用清水或鹽水浸泡吐砂。

蛤蜊　3%鹽水
蜆　　清水

● 蒟蒻

①水淹過蒟蒻，用微波爐加熱，不用保鮮膜，每盤加熱4～5分鐘。
②去水後用紙巾覆蓋，加熱約2分鐘。

● 秋葵

用鹽搓揉去除表面的細毛並且保持鮮豔色澤，直接下鍋燙。

鹽一小撮

● 脫鹽水

鹽漬的海帶芽等

使用前用水洗數次，然後泡水泡到嚐看看不鹹為止。

> **要訣** 貝類表面四周的水量控制。報紙等變黑。

● 在板子上搓揉

小黃瓜

加點鹽在砧板上搓揉。這樣可以讓色澤鮮豔並且去掉表皮的粗糙。
最後再洗。
鹽的量大概是每條1/2小匙。

動手做做看

· 醃肉　照燒豬排

薑 1節
（或生薑汁）

味淋 1大匙

醬油淹過肉片

放置10分鐘

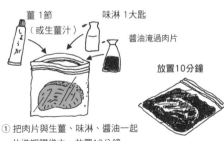

① 把肉片與生薑、味淋、醬油一起放進塑膠袋中，放置10分鐘。
② 油倒入平底鍋加熱，塑膠袋裡的肉片和調味料一起倒進鍋中煎煮。

消除腥味──基本與要訣

對於味道的喜好每個人都不相同，有些人不喜歡食材特殊的味道，一聞到就食不下嚥。減少或消除食材特有的腥味，也是烹飪時很重要的一環。

各種食材消除味道的方法

● 雞肉

熱水裡灑一小撮鹽，將雞肉放進熱水裡滾煮到雞肉變成白色。

● 豬肝

豬肝的味道來自於殘留在肝臟中的血液與膽汁，所以重點在於將殘留的血液與膽汁逼出。

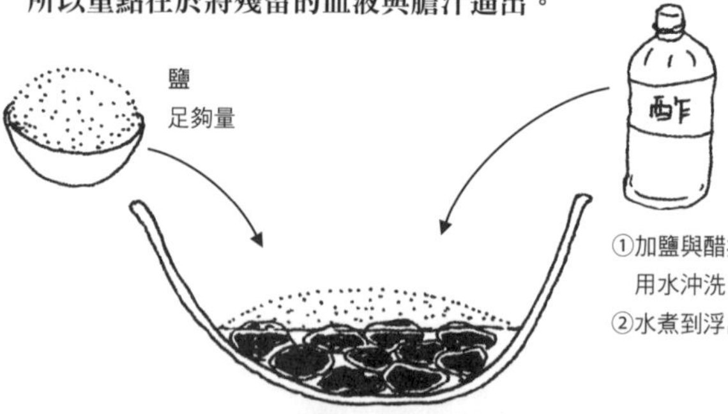

鹽
足夠量

醋
可以蓋住豬肝的量即可

① 加鹽與醋搓一下豬肝，用水沖洗。
② 水煮到浮出湯垢。

MILK

用水沖洗之後浸泡在牛奶裡約30分鐘～1小時，再用紙巾吸去雜質。

● **魚的頭骨** 頭骨…指的是魚肉切除後的魚骨與魚頭。

① 泡在稍濃的鹽水約10分鐘，用水沖洗。

② 放在篩子上灑點鹽，放置約15分鐘。

③ 把鹽洗乾淨後用熱水汆燙至肉色呈現白色。

● **青椒**

用已經泡過幾泡的茶水浸泡。

● **洋蔥**

用烏龍茶浸泡。

● **胡蘿蔔**

用紅酒浸泡。

● **芹菜**

用牛奶浸泡。

● **大蒜**

> 臭味來自於大蒜素的物質，一接觸到空氣就散發出味道。

蒸、煮、煎均可。
大蒜裡的蛋白質和脂質結合有益人體健康，所以很適合和魚肉一起食用。

動手做做看

· 熱騰騰的大蒜

大蒜用保鮮膜包起來，
放在微波爐加熱約2分鐘，
剝皮後即可食用。
可隨喜好加糖或醬油。

還原————乾貨還原的方法、基本與要訣

還原並不是回復到乾貨原來生長的樣子，而是把為了延長保存期限而製成乾貨的食品變成方便烹調的狀態。

※乾貨還原用量的基準參閱P.258

各種食材的還原方法

● 乾香菇

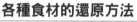

用手指掐掉菇蒂。

水裡加點糖更容易還原。

使用40度以下的溫水。

泡過香菇的水味道很香，可以用來煮湯或是調味。

● 冬粉

先剪成一半比較方便使用。

熱水浸泡。

做為火鍋料時，浸泡約20分鐘。

涼拌使用時，浸泡約5分鐘後用熱水燙成透明狀。

放進篩子裡用冷水沖。

● 羊棲菜

完全浸泡在溫水
中大約10分鐘。

乾貨還原之後的體積可能有幾倍大，
還原時請特別注意。（參閱P.258）

● 蝦米

用溫水浸泡約
10分鐘。
泡過的溫水可以
用來做菜。

用手搓揉擰擠。

沉在碗底的砂
倒掉。

熱水　　　　　　冷水

生食的話用熱水
燙過以後，再用
冷水沖洗。

● 海帶芽

完全浸泡在溫水中大約5～15分鐘。
較厚的地方完全變軟即可。

● 蘿蔔乾

洗過以後，用水泡
個20～30分鐘，
水量淹過蘿蔔乾
即可。

急著用時，先切碎再煮
就可以還原了。變軟以
後就非常美味。

● 豆類

泡水一個晚上。

急著用時把熱水
倒進保溫瓶中，
把豆子倒進去，
放個2～3小時。

● 凍豆腐

①凍豆腐泡
　在足夠的
　熱水中。

②膨鬆以後用雙手按幾
　次，換幾次水，按到
　白汁全部被擠出來。

凍豆腐不要還原時，直接放進沾醬裡。

51

火鍋技法—— 火鍋烹調的基本

火鍋做成的佳餚有很多種。了解做火鍋的技巧、學會幾道火鍋菜，這樣就可以在必要的時候讓餐桌增色不少。

湯汁量的基準

少量
食材略露出水面。
水量是食材的
40～50%。

煮芋頭等

淹過材料
水淹過食材。
水量是食材的
100%。

素燒小魚乾等

加滿
食材在水中游動。

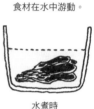

水煮時

烹飪術語

● 炒過再煮

先用油炒過再煮的意思。
牛蒡絲等

● 回鍋（翻炒）

搖動鍋子，將食材拋出再回炒。

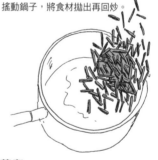

● 素燒

用略加調味的湯汁
短時間燒煮。
青菜與油豆腐等

● 蒸煮

煮好以後關火，蓋上蓋子
繼續以小火加熱。
白煮蛋等

● 從鍋邊淋下醬汁

醬油等調味料從鍋子邊緣澆下。
炒菜類等

● 乾煎

將油或湯汁倒進鍋中，開火加熱。
一邊燒乾食材水分，一邊煎。
銀杏、蒟蒻等

● 什錦火鍋

不易熟的食材放在鍋子中間，不同
時間放入各種不同食材做成的什錦
火鍋。

● 鍋燒

食物煮好以後關火，讓湯汁滲到食材
中再食用。
鍋燒麵等

動手做做看

· 煮馬鈴薯塊

①馬鈴薯削皮切塊，水煮。

水量為淹過
馬鈴薯

②煮到可以用筷子插穿，水倒掉。

③一面翻動鍋子讓水分釋
出，一面用小火讓馬鈴薯
煮到表面結成粉狀。依喜
好用醬油或鹽調味。

油炸────基本與要訣

將食材放進大量的油中加熱的油炸烹調方式，新手都會覺得怕怕的。只要認識安全的油炸方法，小朋友也可以和家長一起動手做做看。

油炸的基本

1. 使用新油。
2. 依各種不同食材，保持適當的油溫。
3. 食材要充分瀝乾。
4. 食材不要一次放太多進到鍋裡。溫度太低容易黏住。
5. 一次將鍋中的食材全部炸好撈起之後，再接著放進下一鍋。
6. 將油渣清乾淨。
7. 炸好的食材會浮到油的表面，變成金黃色。

確認油溫的方法

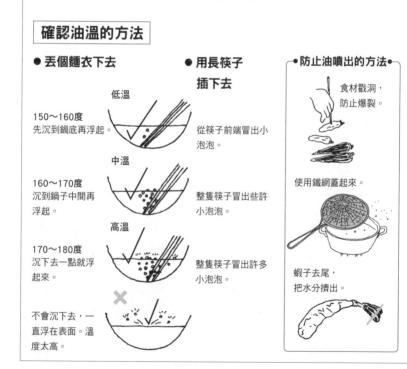

● 丟個麵衣下去

低溫
150～160度
先沉到鍋底再浮起。

中溫
160～170度
沉到鍋子中間再浮起。

高溫
170～180度
沉下去一點就浮起來。

不會沉下去，一直浮在表面。溫度太高。

● 用長筷子插下去

從筷子前端冒出小泡泡。

整隻筷子冒出些許小泡泡。

整隻筷子冒出許多小泡泡。

●防止油噴出的方法●

食材戳洞，防止爆裂。

使用鐵網蓋起來。

蝦子去尾，把水分擠出。

油的重複使用

放入食材以後泡泡不會消失，或是鼻子聞得到味道的油就不要再用了

素炸
食材直接放進鍋裡油炸。

➡

炸天婦羅
裹麵粉做的麵衣再油炸。

➡

炸洋蔥圈、可樂餅
沾麵包粉再油炸。

最後炒其他食材等。

⬅

炸雞腿
雞腿先醃過之後，沾麵粉或太白粉再油炸。

天婦羅麵衣的作法

●材料
麵粉………1杯
蛋…………1個
水………3/4杯

①蛋預先打進水裡攪拌。
（放進冰箱預冷才適合油炸）
②加入麵粉後，用筷子交叉快速攪拌。

用過的油怎麼辦？

還要用的話就要趁熱用。

不要倒進排水管！

不再用的油，冷卻後倒進空牛奶瓶，當成可燃垃圾丟掉。

MILK

油炸的小創意

· **替代麵衣**

把洋芋片或是炒麵、冬粉等放進袋中壓碎即可替代麵衣使用。

· **不弄髒就可以做炸雞**

把調味料放進塑膠袋中，與食材混合後再加入太白粉。

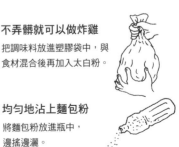

· **均勻地沾上麵包粉**

將麵包粉放進瓶中，邊搖邊灑。

燒烤──基本與要訣

直接火烤，食材就會逐漸出現燒烤的顏色與香味。這是一種簡單、方便又美味的烹調方法。

燒烤的基本

1. 不論是烤網還是烤盤、烤箱，都要先預熱。
2. 從裝盤時要放在表面的那一面開始烤。
3. 要讓外表看起來焦一點用大火烤，要烤到裡面都熟透就用小火烤。
4. 要烤乾一點就不要加蓋，要烤溼一點就加蓋。

燒烤的方式

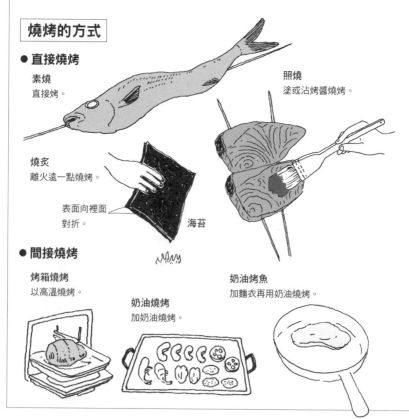

● **直接燒烤**

素燒
直接烤。

照燒
塗或沾烤醬燒烤。

燒炙
離火遠一點燒烤。

表面向裡面
對折。

海苔

● **間接燒烤**

烤箱燒烤
以高溫燒烤。

奶油燒烤
加奶油燒烤。

奶油烤魚
加麵衣再用奶油燒烤。

如何讓燒烤食物的顏色更漂亮

鍋子一定要充分預熱。

盛盤時要放在表面的那一面先烤。

最後再加奶油。

燒烤時的要訣

● 魚或肉

灑點鹽就可以讓肉塊的表面更結實，保留魚、肉的美味。

空中灑鹽：距離魚或肉約20～30公分，從上向下灑鹽。

· 魚大約距離15～20公分，整體均勻灑鹽。

· 肉則直接在上方灑約一撮鹽。

● 烤糯米餅

把糯米餅放到網子上，蓋上鋁箔紙，小心控制火候，烤進餅裡。

● 鱈魚

用鋁箔紙包起來，勤於翻面。

● 小卷

用烤箱燒烤。

動手做做看

· 用鋁箔紙燒烤

①鋁箔紙塗油。

②將香菇或是白肉魚類、蔬菜等食材包起來，從四個角開始將鋁箔紙折起。

③放進烤箱裡，材料烤熟了即可食用。

食用時可以沾醬油或醋。

炒 ——基本與要訣

「炒」是指炒菜鍋或平底鍋熱鍋以後，加入少許油烹調食物的方法。依照食材或菜色控制快炒的時間是美味的要訣。

炒的基本

1. 油要先預熱。
2. 食材要先洗好切好，快炒是一下鍋就要一次炒好。油溫不夠或炒的時間太長都會影響口感。
3. 火候必須一致，所以一開始就要控制好火候。不容易熟的食材可以先燙一下或是先過一下油。
4. 不要一次炒太大量，這樣會讓油溫降低，讓食材變軟。
5. 從不容易熟的食材開始炒。先炒魚或肉，再炒蔬菜，最後是雞蛋。

炒的要訣

● 爆香

生薑、大蒜、蔥等切碎之後，先爆炒，等到香味出來以後再加入其他食材。

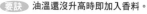 **要訣** 油溫還沒高時即加入香料。

● 炒的分量

大約是炒菜鍋或是平底鍋一半的量。

● 別忘了要先熱鍋！

炒之前，鍋子先空燒到冒煙，在鍋裡加入一杓油，整個鍋子都要先用油淋一圈。鍋先熱過以後，快炒時才不易黏鍋。

● 要先炒再煮的情況

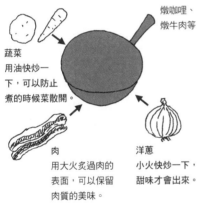

燉咖哩、燉牛肉等

蔬菜
用油快炒一下，可以防止煮的時候菜散開。

肉
用大火炙過肉的表面，可以保留肉質的美味。

洋蔥
小火快炒一下，甜味才會出來。

● 過油

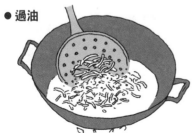

魚貝類或是肉塊、蔬菜等洗好切好之後，先用低溫油過一下。

動手試試看

· **實驗！炒洋蔥**

試看看洋蔥切絲快炒的味道。時間不同，口感和甜味也不同。

火候的標準

清脆的口感
形狀完整，表面充滿光澤。
預炒用

↓

透明狀
形狀完整，連中間都是透明的。
快炒用

↓

鬆軟
連中間都炒熟。

↓

金黃色
慢燉、醬汁配料

↓

透明黃褐色
洋蔥焗烤
濃湯等

甜度的增加

● 過油的目的 ●

1. 鎖住食材的美味。
2. 去除水分、增加口感。
3. 增加食材的色澤。

蒸———基本與要訣

「蒸」就是利用水沸騰產生的熱氣加熱的烹調法。
沒有蒸鍋也可以蒸煮食物。

蒸的基本

1. 熱要均勻地傳遞到整個食材才能保留食材的香味與美味。蒸的時候不能再調味了，所以要在蒸以前就完成調味。
2. 水加到隔板的七分滿，這樣才能夠讓蒸氣完全流動到上面，進入食材裡。
3. 火候的控制是除了蛋以外都是大火，讓蒸氣不斷冒出，蒸熟食材。

● 火候的控制 ●	
肉、魚	大火
蛋	小火
穀物	大火
蔬菜	大火

蒸的要訣

● 使用蓋布!

一定要使用蓋布，這樣才能夠防止蒸氣的水滴到食材。

● 加熱水

蒸到一半要加水時，一定要加熱水。

● 茶碗蒸

蛋開始凝固的溫度是60度以上。鍋蓋挪開一點保持60～80度的溫度，不要沸騰慢慢加熱，這樣蛋的表面就不會有洞了。

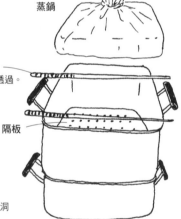

蒸鍋

長筷子
讓蒸氣透過。

隔板

蛋的表面出現小洞或破裂

● 蒸蛋為什麼會出現小洞？●

一口氣加熱到100度時，蛋中間的水分沸騰產生氣泡，在蛋凝固時形成氣孔，留在蛋的表面。

● 水煎

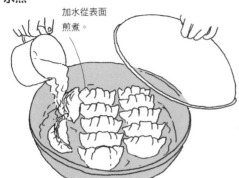

加水從表面
煎煮。

煎餃
一開始用大火煎到表面變色，
加水，用中火將中間蒸熟。
水中加一點醋，表皮就不易
黏鍋，口味也更清爽。

● 鋁箔蒸煮法（魚肉切片等）

將食材用鋁箔紙包起來，放進鍋裡開火蒸。
不加水，光靠食材蒸發出的水分即可蒸熟。

● 蒸煮（魚或高麗菜捲等）

食材放在煮開的湯汁中，蓋上蓋子煮。
沸騰之後轉小火蒸煮。

動手做做看

用不同的鍋具蒸煮！

· 蒸薯類

在電鍋中加入一杯水
與洗乾淨的馬鈴薯
或是番薯，按下
電鍋開關。

· 蒸冷凍燒賣

網子上鋪一層蒸紙比較
不會黏鍋。

篩子
（有柄的鐵網）

不要碰到底部

水

① 加水不超過網子，讓水沸騰。
② 篩子上放入燒賣，放進鍋裡，蓋上鍋蓋。
　 燒賣膨脹，中間熟了就可以吃了。

煎焙、攪拌、研磨——基本與要訣

料理中經常使用的芝麻醬、味噌等，都有其特殊的製作方式。菜要做得好，就一定要學會煎焙、攪拌和研磨的功夫。

煎焙的基本

空鍋或只加一點油，加入食材加熱的方法。

● 煎芝麻的作法

①土瓶或是平底鍋先空燒預熱。
②加進芝麻，煎的時候要搖動避免焦黑。
③2、3粒跳起就算煎好了。

倒出

裝入

土瓶

鋁箔

量太少時，用鋁箔紙包起來，離開火源一段距離，一面搖動一面煎。

> **要訣** 煎芝麻前，瓶子要先沖洗，然後瀝乾。瓶子沖過再煎的話，水氣會進入芝麻裡面，味道更香。

● 煎蛋的作法

日式煎蛋

4～5根長筷子

蛋打進空鍋裡，用4～5根長筷子快速攪動，半熟時即可關火，用餘熱煎熟。

西式煎蛋

在平底鍋中加入少許奶油，奶油溶化以後，加蛋，快速攪拌。
打蛋時加入美奶滋可以讓蛋不容易燒焦，且較滑嫩。

> **要訣** 偶爾離開火源攪拌一下。

攪拌的基本

在鍋中加入味噌或餡料，用木杓等攪拌，用小火煮熟。

高湯

糖

味噌

小火攪拌。

● 味噌的作法

①把味噌、糖、味淋、高湯放進鍋裡。
②關小火攪拌，避免焦掉。
③煮滾，煮到出現光澤就算煮好了。

硬度用高湯調整。一冷了就會凝固，趁軟的時候調整軟硬度。

研磨的基本

1. 使用缽與棒研磨食材。
2. 缽子下面鋪溼布保持穩定。

● 磨芝麻的方法

把剛煎好熱的芝麻放進缽子裡。

半研磨…顆粒狀較粗的狀態。糕餅上的芝麻。

粗研磨…還未到達半研磨的狀態。

細研磨…磨到出油的狀態。

芝麻醬的原料

稍微向前傾，用下面的手研磨。

溼布

動手試試看

·煎豆腐

①豆腐去水後，用手壓碎。
②下鍋，開火，用木杓煎。
③水分出來以後，加糖、醬油、味淋，一面調味一面煎。味道隨個人喜好調整。

豆腐和絞肉一起煎也很美味喔。

●材料

豆腐………… 1塊
糖………… 2大匙
調味醬油1～2大匙
味淋……… 1大匙

涼拌——基本與要訣

魚、肉或蔬菜和不同的調味料拌在一起，或是浸在醬汁裡，就可以產生另一種不同的風味。

涼拌菜的基本

1. 青菜不可以燙太久，還有清脆口感的時候就要馬上浸冷水。
2. 食材要分成小份，將水分完全擰乾。
3. 用醬油等調味。
4. 食材要儘早洗切，放冷。
5. 涼拌菜要吃以前再放醬料。

拌醬的基本作法

● 芝麻醬

● 材料
芝麻⋯⋯⋯ 3大匙
糖⋯⋯⋯⋯ 1大匙
醬油⋯⋯⋯ 1/2大匙
高湯⋯⋯⋯ 1～2大匙
豌豆、小松菜、菠菜等

①芝麻煎過之後在缽子裡研磨，加入調味料。
②燙過的豌豆切好放進拌料裡。
要訣 食材先燙好，除去水分，切好放冷。要吃以前再涼拌！

● 日式白醬

● 材料
豆腐⋯⋯⋯ 1塊
白芝麻⋯⋯ 2大匙
糖⋯⋯⋯⋯ 1大匙
醬油⋯⋯⋯ 1小匙
胡蘿蔔、蒟蒻、香菇等

①熱水中加少許的鹽，豆腐燙一下，用布擠出水分。
②用缽子研磨芝麻，加入豆腐，讓芝麻更滑順。
③加入糖、醬油。完成白醬。
④將食材切成薄片煮熟。以調味醬油1大匙與醬淋2大匙調味後放冷。
⑤食材與日式白醬拌在一起。
要訣 豆腐不要擠得太碎。

● 涼拌燙青菜

①菠菜燙過之後，瀝水擰乾。
②用醬油搓過。
③菠菜上加柴魚片，要食用之前
　再淋上適量的調味醬油。

涼拌青菜
在食材中拌入水或湯及調味液。

用醬油搓
去除水分的菠菜淋上約
1大匙醬油，再擰乾。
去除多餘水分與雜質後
再調味。

動手做做看

·梅子雞胸肉

①雞胸肉灑一點酒，用保鮮膜包起
　來，放進微波爐裡微波1～2分鐘
　至雞肉變白色。

②用手撕成雞絲。
　白色的筋丟掉。

④雞胸肉與③和在一起。

③用刀子將去籽的梅乾
　切碎，加醬油攪拌。

勾芡————基本與要訣

中式燴飯中弄成黏糊狀的烹飪方式就勾芡。另外像是果凍、粉粿類製成凝膠狀的烹調技巧也是。

用來凝固的材料有許多種

● 太白粉
（片栗粉）

以前是用一種名為片栗的植物根部製成粉做為勾芡的材料，現在大部分是使用樹薯或馬鈴薯的澱粉為原料，將食物勾芡成膏狀。調味之後，太白粉加水調合後從鍋邊淋下，煮成透明狀即可。

● 勾芡的要訣 ●

1. 太白粉一定要加2倍水調合。太白粉直接加進菜裡會變成塊狀。
2. 加水調合的太白粉一定要在加熱的過程中加入。
3. 攪拌的速度要快。

水與太白粉的比例

粉1：水2

● 玉米粉

コーンスターチ

NET 200g

以玉米的澱粉為原料。
蛋塔或是西式點心中半凝固狀的點心，就是加入玉米粉做成的

要訣　玉米粉的調製溫度比太白粉更高，所以要食物煮滾的時候加入，再繼續煮熟。

● 葛粉

利用葛根製成的原料。
日式和果子、粉粿、葛根湯等都是以葛粉為原料製成的。

● 寒天（洋菜）

寒天是使用紅藻為原料製成的一種天然食品。使用寒天棒時，先用手剝開，每條寒天棒加2杯水浸泡30分鐘以上，一邊煮一邊溶解。表面浮起薄膜時撈出薄膜。

可以用來做羊羹、蜜豆凍、瓊脂等點心，放在室溫（28～30度）即可凝結。是無熱量的健康食品。

● 吉利丁（膠原蛋白）

從動物的皮或骨抽出的蛋白質為原料。使用吉利丁粉時加4倍水膨脹約10分鐘後，再與要用的食材混合。吉利丁在室溫下不會凝固，所以做好要放進冰箱裡。適合用來做果凍或是巴伐利亞布丁。

要訣 生鮮鳳梨中含有蛋白質分解酵素，會破壞膠原蛋白的凝固，使用時選擇罐頭鳳梨。

動手做做看

・粉粿

①將葛粉、水、糖等放入鍋中，充分攪拌之後再開火。

②變成透明且有點凝濕時，關火。

③倒進內側已經用水澆濕的便當盒中，放進冰箱裡冷藏。

④凝固後切成小塊狀，加上豆粉或是黑糖就可以吃了。

●材料
葛粉……1/2杯
水………2/3杯
糖………1大匙

・100%果汁的果凍

①將果汁200cc與寒天粉放進鍋中，煮開。

②沸騰之後加入1大匙糖，關火。

③加入剩下的冷果汁，倒入杯中，等待凝固。

●材料
寒天粉……1/3小匙
果汁……… 300cc
（果汁100%）
糖…………1大匙

磨碎、拍碎、擠碎——基本與要訣

將蘿蔔磨碎或將馬鈴薯壓碎，稍加處理之後，食材的味道就完全不同了。這裡要告訴大家磨碎、拍碎、擠碎食材的要訣。

磨碎的基本方法

● 蘿蔔

使用靠近葉子有甜味的部分。與切口保持垂直頂住磨碎，這樣就能切斷蘿蔔的纖維，讓磨碎後的蘿蔔泥充滿水分且甜美可口。

剝皮、與切口保持直角。

● 香橙

將有香味的橙皮磨碎使用。放太久會變色，所以要用之前再磨。

● 山藥等

加一點醋再磨比較不容易變色。

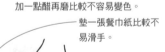

墊一張餐巾紙比較不易滑手。

● 山葵（芥末）

山葵的辣味來自於山葵中含有一種異硫氰酸烯丙酯的物質。磨碎之後，細胞遭到破壞，辣味就會跑出來。最好使用細的鮫皮磨子磨碎。沾點糖再磨，有助於分解酵素，更可以增加辣味。

要訣

以繞圈圈的方式磨碎。
要使用前再磨。

● 生薑

皮的辣味及薑味較濃，所以磨的時候保留一點皮。加熱後仍然有辣味，所以很適合烹煮。

拍碎的基本方法

● 馬鈴薯

整顆馬鈴薯煮過以後剝皮，趁熱裝進塑膠袋中，用空酒瓶等拍碎。

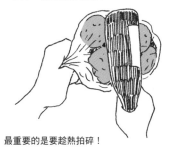

最重要的是要趁熱拍碎！

使用調理耙也要趁熱時使用。

南瓜或地瓜的處理方式也是一樣。

● 花生

將2個布丁杯重疊，在布丁杯之間一次放幾顆花生，夾起來壓碎。

● 大蒜

用菜刀的刀腹拍碎。

用鋁箔或保鮮膜包起來，可以避免味道留在砧板上。

擠碎的基本方法

較軟的食材利用篩子就更容易擠碎了。

● 馬鈴薯

對著網孔斜斜地壓下去。

● 味噌

用竹篩濾過

味噌用竹篩濾一下更能增添風味。

冷凍 | ——家庭冷凍的基本常識

大家都會使用冰箱冷凍食品，但是如果方法不正確就會破壞食物的味道與品質。這裡就告訴大家製作冷凍食品的方法。

什麼是冷凍？

冷凍的原理就是將食材中的水分冷凍起來。短時間內快速冷凍水分會變成細冰的結晶，這樣就不會影響食物的風味。

商業用的冷凍室可以在負40度以下快速冷凍，一般家用冰箱無法達到這麼低的溫度，冷凍時就要注意掌握一些要訣。

家用冰箱冷凍的要訣

1. 儘量減少食物的水分

    煮過或使用鹽、醬油、糖、醋達到脫水的目的。

2. 注意在最短的時間內達到冷凍的效果

放進小袋子裡放平。

魚或肉使用容易傳達冷空氣的金屬盤子。

放進塑膠袋中，用吸管吸出空氣。

一定要放冷之後再放進冰箱。

3. 冷凍室調整到強冷，至少1個小時不要打開冰箱

各種食材的冷凍方法

● 蔬菜

基本上是先燙過再冷凍。
保存期限不超過1個月。
燙到稍微有點變硬，葉菜類要瀝乾
水分後，充分脫水。蘿蔔或生薑等
可以先磨碎再冷凍。

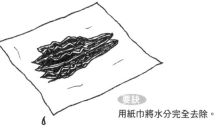

要訣

用紙巾將水分完全去除。

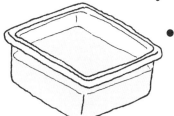

● 湯汁類

冷凍之後會稍微膨脹，
使用大一點的容器。

● 肉類

可以直接冷凍生肉，但是先調味
比較不容易壞。
容易壞的絞肉或雞肉，先加熱再
冷凍比較好。

6月15日

別忘了貼保存日期！

動手做做看

·和果子與茶葉的冷凍

添加糖的和果子，冷凍之後風味
依然不變。
一個個用保鮮膜包起來再放進冷
凍室中，要吃的時候自然解凍。
新茶也可以密封之後冷凍，這樣
可以讓香味更加持久。

冷凍 II —— 避免失敗的訣竅與小智慧

利用冷凍的技巧，可以發展出許多應用方法。利用冷凍除了可以達到保存食材的目的，也可以節省食材處理的工夫。

不能冷凍與不適合冷凍的食材

● 纖維多的蔬菜

會讓纖維變硬。

竹筍

蓮藕

蜂斗菜

● 生鮮蔬菜

會變得黏答答的。

萵苣

包心菜

● 水分多膨潤的食材

變質成為海綿狀。

豆腐

布丁

果凍

蒟蒻

粉條

茶碗蒸

● 脂肪多的魚或肉

脂肪會氧化讓味道變差。

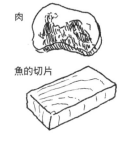

肉

魚的切片

● 牛奶等乳製品

會讓脂肪與水分分離。

● 蛋類

蛋殼會破。

● 瓶裝飲料

瓶子會破。

冷凍與營養

維生素C非常耐低溫，蛋白質與糖類也不會產生太大的變化。只是脂肪較多的魚類等，大概1個星期左右脂防就會氧化（脂肪燃燒）。食用氧化以後的脂肪，有些人會出現下痢的症狀。

冷凍的小智慧

● **冰** 用報紙或紙袋包起來比較持久。

● **香料植物**（山葵、大蒜、生薑或蔥等）

磨碎或切碎之後，放在製冰盒中冷凍保存。

● **高湯**

做濃一點，用製冰盒冷凍成每一人份的量。

● **豆腐**

冷凍的豆腐就是凍豆腐。可以半解凍食用。

● **荷蘭芹**

冷凍成一團，要用時再用手搓開。

● **麵類** 燙煮之後分成小份放進密封袋冷凍。解凍時使用熱水燙約7～8分鐘。

● **蛋糕**

放進金屬製的餅乾盒中。

倒過來，蓋子在下面。

● **草莓**

洗好去蒂，沾果糖之後再冷凍。結冰以後裝進袋子保存。

● **生奶油**

加糖打發後，擠在金屬盤中放進冰箱冷凍。

解凍——基本與要訣

方便快速的冷凍食品，解凍也是有要訣的。不但如此，有些冷凍食品不解凍也可以食用。這裡就告訴大家如何正確地解凍。

解凍的基本方法

● 自然解凍

移到冷藏室放置約5～8小時，然後在室溫下放2～3小時，慢慢解凍是最好的方法。

● 沖水解凍

時間不夠的時候，使用雙層塑膠袋密封以避免食物泡水，然後用水沖20分鐘即可解凍。

生鮮食品

● 用微波爐快速解凍

生鮮食品解凍的要訣是儘快通過0～5度之間，以避免食物變質。可以使用微波爐快速解凍。但是，半解凍品或是解凍以後，就不要再放回冷凍，否則食物會變質。

● 微波爐解凍的要訣 ●

1. 拆除保鮮膜

微波解凍是最快的，但是如果用保鮮膜包住，表面水分聚集就會造成只有外面解凍，裡面沒有解凍的情況。

2. 減少接觸面

使用解凍網或是利用長筷子減少食材與微波盤的接觸面，這樣就可以均勻解凍了。

3. 從冷凍室取出後直接解凍

經過一段時間，有些部分已經自然解凍，這樣就會造成解凍不均勻的現象。

從冰箱拿出來以後立即放到微波爐！

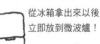

冷凍食品的調理

● 煮

冷凍蔬菜等

倒進沸騰的熱水中。

溶解之後
再調味。

● 炸

冷凍可樂餅、
薯條

炸的東西不要解
凍,直接烹調!

若表面已經解凍,就會
造成只有外面炸熟,裡
面還沒有熟的情況。

● 隔水加熱 (P.33)

牛肉或是咖哩

● 煎

已經調理好的冷凍食品

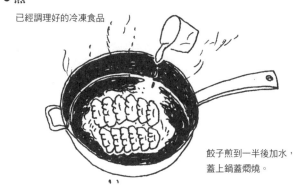

餃子煎到一半後加水,
蓋上鍋蓋燜燒。

切 I —— 基本切法

切功好不好關係到是否方便食用、是否容易煮熟、味道是否容易
滲透食物。這裡告訴大家適合各種食材與烹調方法的切菜方式。

※刀子的使用方法參閱P. 124

基本的切菜方式

● **切成圓的**

從圓形食材的上面向下切。

● **切成半月形**

先將圓形食材對
半切,再從上面
向下切。

● **切成1/4圓**

先將圓形食材對
半切,一半再對
半切,再從上面
向下切。

● **圓柱形食材切成條狀**

將食材切成四角的棒形。

● **切成片狀**

將食材切
成長方形
的薄片。

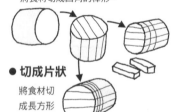

● **球形食材切片**

將食材豎立切成
放射狀。

● **切成塊狀**

先切成條狀,
再切成塊狀

約1公分→

● **切成小塊狀**

約0.5公分→

● **切絲**

先將食材切成薄片
狀,再切成條狀。

● **切成顆粒狀**

比切絲切得更細。

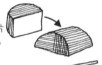

● **亂切**(滾刀式)

邊轉動圓形食材,
一邊斜切。

繞圈圈

形狀不同
但是大小相同

● **切段**

什麼形狀都可以,
切成適當大小即可。

● **斜切**

菜刀斜向下刀。

● **削**

就像削鉛筆那樣切削。

讓食材更方便使用的切法

● 洋蔥切成顆粒狀

①先對半切。

②保留根部，縱向切成細條狀。

根部

③轉個方向，再切成細粒狀。

④按住刀背，刀刃以扇狀移動，這樣就可以切得更細。

● 青蔥切碎

①先從蔥的中間切入，切成一條條。

②然後再從前端開始切碎。

● 切牛肉

與纖維保持垂直切成條狀。

這樣的切法加熱之後不會縮成圓形。

● 把筋切掉

在肥肉與瘦肉之間切出較深的刀痕。

這樣加熱之後較不容易縮成一團。

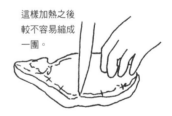

● 切成圓角

蔬果切好後將斜邊切薄，讓斜邊呈現圓形的角度。

這樣煮的時候比較不容易散開。

● 青椒切成圓圈狀

前面比較不容易切，保留蒂部，從較圓的一端開始切。

種子用手取出。

切 II ——雕花

基本的切法學會以後，就可以試試看較複雜的雕花。拿不同的蔬果，練習切成各種有趣的形狀和花樣。

切花

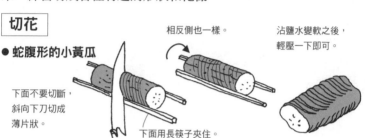

● 蛇腹形的小黃瓜

下面不要切斷，斜向下刀切成薄片狀。

下面用長筷子夾住。

相反側也一樣。

沾鹽水變軟之後，輕壓一下即可。

● 交錯切花的小黃瓜

菜刀切進正中央，切出一條線。

相反側也一樣。

從切線一端斜切。

這樣就切好了。

● 菊花形蕪菁

用筷子夾在下面，從上面橫豎切成條狀，不要切斷。

● 白煮蛋切花

用較小的刀斜向插入中間。

以山的形狀切一圈，這樣就完成了。

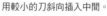

下面用長筷子夾住。

泡鹽水之後，自然就會散成花的形狀，沾甜醋。

● 蓮藕切花

切成環狀。

孔與孔之間的側邊切成三角形。

再將角度切圓，然後切成片狀。

這樣就切好了。

4〜5公分

● 香菇切花

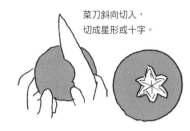

菜刀斜向切入，
切成星形或十字。

● 章魚香腸

從一端交叉
切到一半的
位置。

再切成8等分。

用牙籤做出
眼睛與嘴。

● 小黃瓜花

小黃瓜切成薄片之後，2個薄片切
一個口，從切口將2片組在一起。

● 蒟蒻麻花

將蒟蒻切成片狀，中間切一直條的縫
隙，用筷子插進中間，翻轉成麻花狀。

● 橘子桶

①果蒂側切下1/3。

②取出中間的果肉。

0.5公分

保留
1～2公分

③距離上面約0.5公分處，
從左右兩端切入。

④果肉切好再裝回來。
用緞帶綁一個蝴蝶結。

● 火腿花

將火腿片折成一半，上面
為圓形，從下面向中間一
半的位置切成條狀。

捲起來。

再捲一圈。

用牙籤固定就
完成了。

調味────順序與要訣

濃一點、淡一點、媽媽的味道…，每一個人熟悉的味道都不太一樣，然而稍微運用一點調味的小技巧就可以讓美味加分。當然，心意也是很重要的調味料。

調味的目的有2個

1. 加強食材本身的味道
2. 加入新的味道

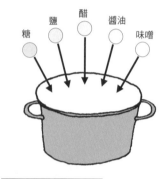

糖　鹽　醋　醬油　味噌

調味的順序

● 調味料基本有
「糖、鹽、醋、醬油、味噌」

鹽分子比糖分子小，味道比較容易滲進食材裡，所以調味的時候，先加不易溶解的糖。醋如果太早加進去，容易發生變味的情況，所以最後再加。醬油與味噌等都是為了提味用的，之後依序加入。

嚐味道的方法

舌頭感受酸甜苦辣的位置各不相同，嚐味道的要訣是要整口都能品嚐到味道。

品嚐醃漬食物用自己的手背　　品嚐湯汁時使用小盤子

品嚐味道一次，再確認一次。

嚐味道之前別忘了漱口！

調味的要訣

決定基本味道的關鍵在於鹽。

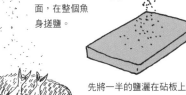

魚　魚放在篩子上面，在整個魚身搓鹽。

肉　先將一半的鹽灑在砧板上，將肉放上去，再將另一半的鹽灑上去。用手將鹽塊搓開。

蔬菜　用盆子翻的方式比較容易滲透。

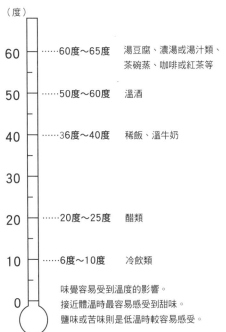

烹調的適當溫度

（度）

60	……60度～65度　湯豆腐、濃湯或湯汁類、茶碗蒸、咖啡或紅茶等
50	……50度～60度　溫酒
40	……36度～40度　稀飯、溫牛奶
30	
20	……20度～25度　醋類
10	……6度～10度　冷飲類
0	味覺容易受到溫度的影響。接近體溫時最容易感受到甜味。鹽味或苦味則是低溫時較容易感受。

（味覺受到溫度與年齡的影響）

不可思議的味覺

不同的組合方式也會影響味覺的感受。

鹽＋醋	減少鹹味
糖＋鹽	增加甜味
醋＋糖	減少酸味

動手試試看

・冰淇淋

相同的冰淇淋，溶化後比較甜。

高湯——日式、西式、中式的基本

烹調時使用適當的高湯可以增添食物的美味，這裡就說明哪些食材適合製作高湯。

日式高湯的基本　日式料理經常使用的高湯有3種。

1. 混合高湯（昆布＋柴魚）

適合煮菜，或是透明高湯使用。

● 柴魚的製作過程 ●

鰹魚燻烤、曝曬之後，再經過長霉的過程，製成本枯柴魚。

不論是袋裝柴魚還是本枯柴魚，風味都不錯。

①將昆布加進水中，快沸騰之前取出。

昆布剪出約10公分的條狀。

②加入柴魚片。

1公升水加30公克的柴魚

※只取第一次煮出的高湯。袋裝的柴魚只取第一次煮出的高湯，不使用之後再加水煮的湯。

③沸騰後轉小火煮1～2分鐘。

過濾柴魚片，可以使用濾茶網過濾。

—番高湯

2. 昆布高湯

適合用在濃湯、味噌湯或是魚貝類。

①昆布下面剪成條狀，泡水30分鐘以上再開火煮。
②煮到浮出湯渣以後，快沸騰前關火，取出昆布。

3. 魚乾高湯

適合用在味噌湯、煮的食物。具有獨特風味。

泡水30分鐘以上，直接開火，沸騰約7～8分鐘，撈出白色的湯渣。

先浸泡一夜較省事。

西式高湯

配料蔬菜
月桂、芹菜、洋蔥、西洋芹、
胡蘿蔔、胡椒等

篩子鋪上布或
紙巾等。

①雞肉約一隻的量
用熱水燙過後洗
乾淨，去除血水
與髒污。

②水中加入雞塊與
配料蔬菜，不蓋
鍋蓋加熱。

③沸騰後撈出湯渣，
小火煮1小時。

④過濾即可。

簡單的中式高湯

①青蔥、大蒜、生薑切碎，炒成
金黃色。

②乾香菇、蝦米、干貝、魷魚乾
等，再炒過。

③加足量的溫水，泡2～3小時。

速食高湯

儘量選添加物較少的產品！

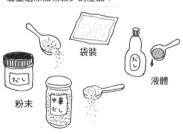

袋裝

液體

粉末

水沸騰之後再依規定量添加。

烹調過程中與調味分開添加，增添菜的風味。

製作西式高湯時，牛肉湯可以使用雞湯塊，
雞高湯可以使用牛肉湯塊。

動手做做看

· 簡單的日式高湯

乾香菇與昆布加入足量的水浸泡，
放進冰箱裡，大約半天的功夫就可
以簡單做成天然美味的日式高湯。
鮮香菇也可以做為配料使用。

湯品———日、西式的基本

用餐時搭配湯品可以增加食慾，但是甜湯會造成反效果。湯品最好配合主菜才能達到促進食慾的目的。

味噌湯的作法

味噌湯是日式料理中最具代表性的湯品。味噌湯有簡單速成的作法，也有道地的作法。

● 基本的作法

豆腐、海帶芽等

①在柴魚昆布混合高湯（P.82）中，加入自己喜歡的湯料。

1碗湯加入約1顆梅乾大小的味噌

②添加味噌。

· 味噌湯的湯料

蜆

豆腐

油豆腐

海帶芽

蘿蔔

麵麩

● 簡單的味噌湯

味噌
約1顆梅乾大小

柴魚
一把
（或是一小袋）

溼昆布
一把

熱水
注意壓住壺蓋不要讓壺蓋掉下來。

碗裡倒入約八分滿的熱水，味噌溶解就完成了。

清湯

用鹽和醬油調味的清湯。

清湯
在湯料中加入一番高湯，
蓋上蓋子。

淡清湯
高湯添加量較少的清湯。

海鮮湯
添加魚貝類的高湯。

羹湯
在清湯中加太白粉做成的
羹湯，也可以加入蛋汁。

<做湯使用的材料>

湯料 (湯裡的配料)	魚肉、蛤蜊、蝦子、魚板、魚板燒、 雞肉、蛋、豆腐、豆皮及麵麩等
小菜 (搭配湯料使用)	菠菜、小松菜、鴨兒芹、香菇、 松茸菇、海帶芽、海苔
香料 (增加氣味)	山椒或山椒的嫩芽、柚子皮、檸檬、 香菜等

西式濃湯

用西式高湯製作的
濃湯。常見的有玉
米、馬鈴薯濃湯。

玉米濃湯
水狀的濃湯。

馬鈴薯濃湯
泥狀的濃湯。

動手做做看

· 簡單的濃湯

玉米濃湯
在鍋裡加水，沸騰後加入玉米湯料。
加一點白酒煮沸，讓酒精成分蒸發出來。

奶油玉米濃湯
鍋裡加入玉米湯罐與等量的牛奶，
小火加溫。
用鹽與雞湯塊調味。

調味的標準———調味料的比率與搭配的調味料

調味料添加的比率除了依各種食材而定之外，各地方或個人的喜好也不盡相同。這裡提供的調味料比率與搭配的調味料只是做為一般參考的基準。

● 蛋與高湯的比率

＜一個蛋（50ml）的高湯比率＞

厚 片 煎 蛋	15～16cc（蛋的1/3）
蛋 豆 腐	50～70cc（蛋的1～1.5倍）
茶 碗 蒸	150～200cc（蛋的3～4倍）
雞 蛋 布 丁	牛奶130～150cc（蛋的2.5～3倍）

● 調味料與鹽分的比率

鹽1公克（1/5小匙）

味噌8～10 公克
（1/2大匙以上）

醬油6～7公克
（1小匙以上）

＜鹽1公克的基準＞

鹽	1/5小匙
醬油	1小匙以上
紅味噌	1/2大匙以上
白味噌	1大匙以下
番茄醬	1又1/2大匙
磨菇醬	1大匙
美奶滋	3大匙

● 搭配的調味料（醋、沾醬、醃料、調味醬汁類）

		調　味　料						
		醋	鹽	醬油	糖	高湯	味噌	其他
醋	二杯醋	大3		大1				
	三杯醋	大3	小1/3	小2	大1			
	甜醋	大4	小1/3	2〜3滴	大2			
	甜醋濃縮	大5		大5	大5	水大5		太白粉大1
	黃芥末醋	大2	小1/5	大1/2	小1	大1/2		黃芥末小1　味淋小1
沾醬	味噌醬（淋）			1/8 杯		1杯		味淋1/8杯
	味噌醬（沾）			1/3 杯		1杯		味淋1/4杯
	炸沾醬			1/4 杯		1杯		味淋1/4杯
	火鍋沾醬			1 杯	大2	1/2杯	白味噌大1	味淋3/4杯
	芝麻醬			1/2 杯	大3	1〜3杯		研磨芝麻大4
	濃縮味噌醬				1/2 杯	1杯	1杯	
拌醬	芝麻醬			小3	小3	大1		芝麻大3
	芝麻味噌醬	大1〜2	小1/5	大1	大1	大1	大2〜3	芝麻大3
	日式白醬			小1	大1			芝麻大2　豆腐1塊
	梅子醬				大1〜2			梅乾大2個　味淋小1
	魚子醬				大1	大2〜3	大5	魚子1/2副　酒大1〜2
	黃芥末味噌				大1	大1	大3	黃芥末　小1

		奶油	麵粉	牛奶	鹽	胡椒	其　他	
調味醬汁類	白醬	大2	大2	2杯	少許	少許		
	番茄醬	大2	大1	水 2杯	小1	少許	番茄罐頭1杯 胡蘿蔔、洋蔥50公克	

		醋	油	黃芥末	鹽	胡椒	其　他	
	美奶滋醬	大1	3/4〜1杯	小1	小1/4	少許	蛋黃1個	
	法式沙拉醬	大4	1/2〜1杯	小1	小2/3	少許	油與醋的比例是2：1、3：1	

小=小匙（5 cc）　　　大=大匙（15 cc）　　　杯=1杯（200 cc）

裝盤———基本與要訣

做好的菜要怎麼裝盤才會看起來美味可口，只要用一點小技巧就可以讓食物增色不少。

裝盤的基本

1. 注重色香味，並且要表現出季節感
2. 魚或肉要表面朝上

● 哪一面在上面？

整尾魚
基本上頭在左、魚腹在前面。（鰈魚是頭在右、皮在上）

生魚片
皮或皮切下來的那一側是表面。
魚切片是接觸菜刀右側的那一面是表面。

魚切片

肉

有皮的一面是上面或是後側。
較寬的一側靠左。

較寬的一側靠左，脂肪靠後側。

3. 日、西式餐點中主菜、配菜的位置並不相同

前面

日式

後面

西式

裝盤的要訣

醋漬類或是煮食

用筷子夾起,堆積式裝盤。

最後再將生薑或香菜等放在上面。

原則就是看起來像「還沒有人動過筷子」的樣子。

生魚片

用配菜為底,放在後側,高高疊起,前面較低。

香料菜在前面。

前菜

用大盤子裝3、4種前菜,稍為分開一點。

保留盤子白色的部分,增添美感。

炸天婦羅

面積較大的在後面。

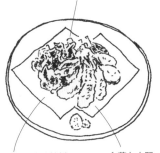

露出吸油的墊紙。

主菜在中間。

沙拉

盤中間堆高一點,裝飾用的菜要吃之前再放。

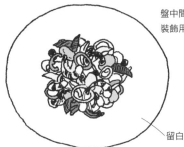

留白之美。

醃漬小菜

較大的在後面,前面是細絲狀的或深色的菜。

日式料理名辭典

你聽到或看到一道日式料理的菜名時，是否知道那是什麼樣的食物呢？這裡就介紹大家認識一些日式料理的名稱。

紅味噌湯	安倍川餅	新卷	石燒
用紅色味噌做的味噌湯。	豆粉餅。	取出魚的內臟後鹽漬做成的醃魚。	在熱石頭上加熱的料理。

稻荷壽司	江戶前	尾頭魚	小倉

豆皮壽司。	用東京灣捕獲的魚做成的生魚片或是握壽司。	一整尾有頭有尾的魚。	用紅豆做的食品。

大阪燒	箱壽司	節慶料理	鬼瓦燒
用水和麵粉，搭配自己喜歡的食材做成的煎餅。	用箱子模型做出的壽司。	節日或是新年的料理，又稱為「御節供」。	帶殼蝦用照燒的方式燒烤。

朧	懷石料理	角煮	魚頭
用魚或是豆腐等做成的，將食材和成泥狀煎煮的料理。	宴客時整套的正式料理。	將食材切成方形烹煮的料理。	和中式的沙鍋魚頭一樣，魚頭煮成一道菜。

火藥飯	關東煮	生地燒	金平
加入各種配菜煮出來的米飯。	黑輪鍋。	用魚片等浸泡醬油烤出來的燒烤魚。	將牛蒡等炒過,再用醬油或糖調味而成的料理。

串燒	卷織湯	源平	五目什錦飯
將青菜與肉串起來燒烤。	以炒好的豆腐及蔬菜為湯料的清湯。	以紅色及白色的食材做成的料理。	加入各種食材的醋飯。

西京燒	酒蒸	櫻花肉	櫻花飯

使用西京醋、酒、味淋浸泡的料理。	灑上鹽的魚貝類使用酒蒸煮的料理。	馬肉料理,因為馬肉的顏色和櫻花的顏色相似。	用醬油調味的飯,也稱為茶飯。

澤煮	鴨燒	時雨煮	精進料理
材料多,湯也多的什錦湯。	茄子塗上油之後燒烤,再塗上味噌的料理。	用醬油和糖熬煮食材的料理。	素食料理。

常夜鍋	新薯丸	伊達卷	粽子

只有豬肉和菠菜的火鍋。	使用白肉魚和山藥做成的丸子。	使用魚絞肉為餡料,以厚蛋片捲起來的魚肉蛋卷。	將糯米包在粽葉再煮。

散壽司

將各種不同配料
攪拌在壽司飯。

月見

將整顆蛋打在上面的
各種料理。
黃身＝月　白身＝雲

捏丸子

將雞肉或魚肉的絞肉用
手捏成丸子狀。

魚丸糰子

將魚絞肉用手抓起
放進鍋裡煮熟。

鐵砲鍋

就是河豚鍋的意思。
（河豚生氣張刺，就
像鐵砲一樣）

田樂燒

將味噌醬塗在
豆腐上燒烤。

土佐煮

用柴魚熬煮成高湯
製作的菜餚。

土手鍋

將味噌塗在鍋邊的
一種火鍋料理。

土瓶蒸

以松茸為主菜的蒸食。

蓋飯

將飯盛在碗裡再將
配料澆在飯上。

菜凍

用寒天或果凍將食材
做成菜凍。

魚膾

生鮮的魚貝類等用醋調
味製成的小菜。

南蠻

用辣椒或青蔥烹調的
蔥燒或辣味菜。

饅

魚貝類或蔬菜用黃芥
末醋味噌醃拌。

蔥鰻

用蔥和鰻魚烹調
而成的。

能平湯

加入多種食材
做成的濃湯。

八寶菜

各種食材炒過之後勾芡
做成的中式羹菜。

濱燒

捕獲的鮮魚現場燒烤
的現撈烤魚。

春捲

用薄麵皮將餡料
包起來油炸。

風味燒

用香料植物烹調出的
燒烤類料理。

深川

蛤蜊肉烹調出的料理。

拼盤

將個別烹調好的食材拼湊在一起裝盤。

袱紗味噌

雙料味噌。袱紗指的是雙面的紗布。

風呂吹

將厚片蘿蔔煮到變軟，再沾味噌醬。

奉書捲

用和紙或是白色食材包捲其他食材。

朴葉味噌

在乾朴葉上塗味噌與青蔥燒烤製成。

牡丹肉

山豬肉。

松風燒

淋上芥子果實燒烤的食物。

松前漬

用醬油或味淋醃漬昆布或魚乾等製成的小菜。

水炊

水煮的火鍋料理，最常見的是雞肉火鍋。

霙（溶雪）

將磨碎的蘿蔔裝飾成像溶雪般的料理。

木頭麵包

長得像木頭的麵包。

紅葉肉

鹿肉。

柳川鍋

小溪魚與牛蒡再加上蛋花。

山掛

鮪魚塊淋上山藥泥。

八幡捲

用鰻魚或鱔魚包捲調味牛蒡。

紫蘇粉

紅色的紫蘇葉乾燥製成的紫蘇粉。

吉野

使用葛粉製成的菜餚。

什錦鍋

將食材放進已經調味的高湯中烹煮。

若竹

用嫩筍與海帶芽烹調出的菜餚。

世界各地料理・用語辭典

除了日式料理之外，還有許多世界各地知名的料理經過改良之後，製成符合國人口味的料理。或許其中有些是你還不知道的菜名。這裡就介紹各國的常見菜名。

A la mode

法語是「流行」的意思，就是「～風」。

Al dente

是指義大利麵煮熟的程度，表示剛剛好，麵Q而彈牙。

Anchovy

鹽漬發酵後的小沙丁魚，用橄欖油醃漬製成的。

Yeast

麵包發酵用的酵母。

Vichyssoise

馬鈴薯與牛奶製成的冷濃湯。

Well done

肉類烤熟的程度，全熟。

Escabeche

炸過的小魚用香料蔬菜與醋及油醃漬。

Ethnic

具有民族風味的料理。

Espresso

義大利語是「快速」的意思，指高壓蒸氣在短時間內蒸餾出的濃縮咖啡。

Edible Flowe

可食用的花。

Oil Sardine

用油醃漬、鹽漬或水煮的小魚。

Entree

法文「前菜」的意思，義大利文是「Appetizer」。

Onion glatan

湯中加入炒過的洋蔥、蔥、麵包、茄子等增加燒烤的顏色。

Omelet

奶油蛋捲。

Gazpacho

加入麵包的冷湯，西班牙菜。

Cutlet

肉切薄片，沾麵粉、雞蛋、麵包粉後做成的炸豬排。

Canape	Canneloni	Kebabi	Carpaccio
麵包切成薄片放上食材後做成的前菜。	圓筒狀的義大利麵。	土耳其炙烤,「劍燒」就是烤羊肉串。	生的薄片牛肉或是魚貝類淋上橄欖油、醬汁、香草等。

Quiche	韓國泡菜	餃子	Cuscus
加入培根、起士、火腿等的派。	蔬菜加大蒜、辣椒等醃漬成的韓國小菜。	把絞肉與蔬菜包在麵皮裡或煎或煮或蒸做成的。	小麥的小顆粒狀義大利麵,淋醬汁或牛肉湯後食用。

韓式粥	Gratin	Glace	Clubhouse Sandwiches
熱騰騰的蔬菜豬肉湯加入米飯做成的韓式稀飯。	為了讓湯或食材呈現出燒烤的顏色,把食物放進烤箱裡燒烤。	用奶油與糖熬煮蔬菜。	烤過的麵包夾肉、火腿、蔬菜後做成三層的三明治。

Grill	Cole Slaw	Cocotte	可樂餅
鐵板烤肉。	高麗菜切絲,加上裝飾用的配料做成的沙拉。	把食材放進小的耐熱容器裡,用烤箱等燒烤後製成的。	先烹調好的食材沾上一層麵衣後再炸過。

Consomme	Compote	Salad	Salsa
清湯—相反的就是濃湯。	水果糖漿。	以生菜為主的配菜。源自拉丁語的「鹽」。	醬汁。墨西哥式加入辣椒的醬汁等。

Sauerkraut	Stew	炸醬麵	Chaliapin Steak
高麗菜經過鹽漬發酵的德國醃漬蔬菜。	燉魚、肉、蔬菜等。	乾麵淋上炸醬。	添加磨碎的洋蔥的日式創作牛排。

Cereals	成吉思汗	Soup	Squash
穀片。	蒙古烤羊肉。	湯品的總稱。	果汁汽水。

Scramble Egg	Stuffed	Souffle	Spain Omelet
炒蛋。	填塞料理。	加上蛋白烤發的甜點。	加馬鈴薯的蛋捲。

Sauce	Saute	Tacos	Taramasalata
醬汁。	用油燒烤肉或蔬菜。	墨西哥薄餅（P.312）中加入餡料。	加入鱈魚卵的馬鈴薯泥沙拉。

Tartar Steak	Tata Sauce	Tart	湯
漢堡肉牛排。	拌入切碎白煮蛋或醃蔬菜的美奶滋醬汁。	水果派。	中式湯品。

Tandoori	Cheese Fondue	芝麻醬	Chip
爐烤辛香料醃漬的雞肉。	起士火鍋。	芝麻做成的醬。	蔬菜切薄片油炸。

Chowder	炒	蒸	Chilli Con

熬煮魚貝與蔬菜類。奶油巧達湯。	中式炒菜。	中式蒸菜。	四季豆、牛絞肉、墨西哥辣椒粉燉的菜。

Chilled Beef	Dip	Decoration	Dessert
冷藏牛肉。	沾。沾食物的沾醬。	裝飾。例如蛋糕裝飾。	甜點。

Terrine	Delikatessen	Demi Glace	Tom yum kung
放入模型用烤箱燒烤。	已經烹調好的食品。	牛排或是漢堡烹調時使用的醬汁。	泰式辣蝦湯。

Dragee	Doria	Dressing	Namul
花生或巧克力加糖的甜點。	pilaf淋上白醬再用烤箱燒烤。	沙拉的調味醬。	韓式醃蔬菜。

Gnocchi	Herb	Barbecue	Paella
義大利麵的一種。	香草或是藥草。	戶外的燒烤。	米、魚貝類、香料用湯熬煮的西班牙海鮮飯。

Bavarois	Papillote	Parfait	棒棒雞
鮮奶油與蛋黃混合成的果凍甜點。	包紙燒烤。	冰淇淋、水果、鮮奶油及糖水做成的甜點。	雞肉煮熟後做成雞絲再用芝麻醬醃漬。

Stroganoff	Pilaf	Piroshki	Bouillabaisse
燉牛肉。	炒過的米加入高湯與配料炊煮。	食材用麵粉包裹後油炸（燒烤）的俄國料理。	煮魚貝類的湯料理。

Bouillon	Filling	Fond De Veau	Petit Four
西式高湯塊。	填料式的菜餚或是夾餡式的菜餚。	用牛骨或小牛肉燉煮的棕色醬汁。	小的杯子蛋糕。

Flambe	韓國烤肉	Flake	Paste
食材中加酒後點火燒掉酒精成分的料理。	韓式烤肉	小碎片，例如鮪魚碎片。	膏狀食材。

Whip	Boil	Poached Egg	Potage
發泡，例如鮮奶油泡。	煮，例如煮香腸或是煮蛋。	蛋打進加醋的熱水中，煮到半熟狀態。	濃湯。

Pot-Au-Feu	Borshch	Polonaise	Poale
牛肉蔬菜湯。	用牛肉或甜菜等蔬菜煮的俄式湯品。	在大量奶油裡加入麵包粉製成的湯品。	將奶油或油放入平底鍋裡煎煮。

Marmalade	Marinade	Meat Loaf	Minute Steak
柑橘類的果皮與果肉製成的果醬。	將魚或肉用醃醬醃漬。	將絞肉、蛋、蔬菜攪拌在一起，放到模型裡燒烤。	短時間燒烤的薄片牛排。

Minestrone	Mimoza Salad	Mousse（慕斯）	Meuniere

添加蔬菜或義大利麵等多種食材的湯品。	將煮好的蛋取出蛋黃放在沙拉上。	鮮奶油中加上蛋白打發泡的甜點或正菜。	魚裹上麵粉用奶油燒烤。

Lasagna	Ratatouille	Ravioli	Roast
長條狀的義大利麵加上肉醬與起士等燒烤。	法國南部的蔬菜燉品。	將絞肉與蔬菜包進義大利麵皮裡，煮熟後淋上醬汁食用。	用烤箱燒烤肉類。

用量杯、量匙衡量重量的基準

● 調味料的重量

(單位：公克)

調味料	小匙 (5cc)	大匙 (15cc)	杯 (200cc)	調味料	小匙 (5cc)	大匙 (15cc)	杯 (200cc)
水	5	15	200	麵粉（低筋）	3	8	100
醋	5	15	200	麵粉（高筋）	3	8	110
酒	5	15	200	麵包粉（乾燥）	1	4	45
醬油	6	18	230	生麵包粉	1	3	40
味淋	6	18	230	玉米粉	3	10	120
味噌	6	18	230	太白粉	3	10	120
鹽（精製鹽）	5	15	200	發粉	4	12	150
鹽（粗鹽）	4	12	150	果凍粉	3	10	130
砂糖（白糖）	3	9	120	脫脂奶粉	2	10	100
粗糖	4	12	170	番茄醬	6	18	230
冰糖	4	12	170	番茄罐頭	5	16	210
蜂蜜	7	22	290	梅林辣醬	5	16	200
沙拉油	4	13	180	美奶滋	5	14	170
奶油	4	13	180	芝麻	3	10	120
乳瑪琳	4	13	180	芝麻粒	5	15	200
豬油	4	13	180	辣粉、芥末粉	2	6	80

● 杯子200cc的食品重量

白米	160公克	蛤蜊肉	180公克
煮好的米飯	120公克	蝦肉	150公克
大豆	130公克	蝦蛄	60公克
紅豆	150公克	小魚乾	50公克
煮毛豆	140公克	柴魚	10公克

烹飪用具

大家已經認識了烹飪用語、各國的菜名，接著就一起來認識廚房裡的各種料理器具，以及它們的使用方法。善於使用烹飪用具，才能達到事半功倍的效果。

烹飪用具 —— 必需品清單與選用方法

烹飪用具包羅萬象，不可能全部都備齊。剛開始學習烹飪的時候，只要使用基本的用具即可，這裡先介紹基本必備的用具。

用具

必需品清單　（★必需品　○最好具備的用具）

★雙柄鍋　直徑大約20公分

燉牛肉、咖哩及煮麵用。

深約10公分

★單柄鍋

煮味噌湯或是其他食材使用。

直徑約16公分

深約10公分

★平底鍋

最好預備大小二個。不沾鍋的最好。

大
直徑約22～24公分

小
直徑約18公分

★茶壺

2公升容量。把手是塑膠材質且面積較大者較好用。

笛音壺更好。

約35公分

約25公分

★砧板（P.127）

大小以切東西時不會掉落為宜。生食與熟食分別使用。

★菜刀
（P.124）

刀刃約20公分的不鏽鋼萬用刀。

● 小器具

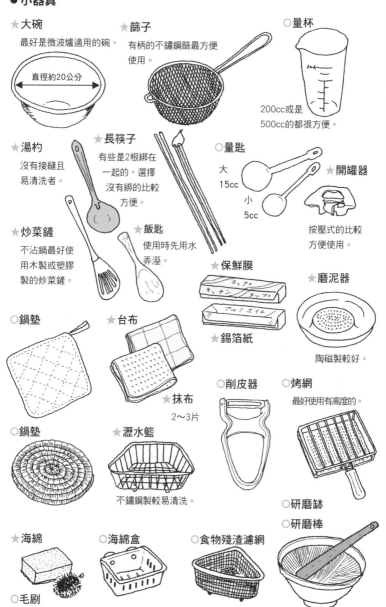

★大碗

最好是微波爐適用的碗。

直徑約20公分

★篩子

有柄的不鏽鋼篩最方便使用。

○量杯

200cc或是500cc的都很方便。

★湯杓

沒有接縫且易清洗者。

★長筷子

有些是2根綁在一起的。選擇沒有綁的比較方便。

○量匙

大 15cc

小 5cc

○開罐器

按壓式的比較方便使用。

★炒菜鏟

不沾鍋最好使用木製或塑膠製的炒菜鏟。

★飯匙

使用時先用水弄溼。

★保鮮膜

★錫箔紙

★磨泥器

陶磁製較好。

○鍋墊

★台布

★抹布

2～3片

○削皮器

○烤網

最好使用有高度的。

○鍋墊

★瀝水籃

不鏽鋼製較易清洗。

○研磨缽

○研磨棒

★海綿

○海綿盒

○食物殘渣濾網

○毛刷

烹飪小器具────使用方法與便利小器具

認識一些方便使用的烹飪小道具，可以讓做菜更方便容易。這裡就告訴大家一些使用上的基本與要訣。

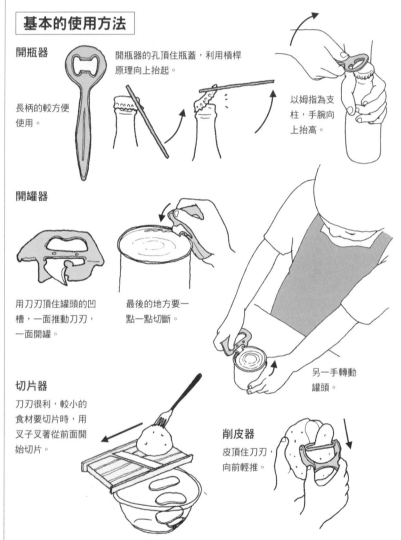

基本的使用方法

開瓶器

開瓶器的孔頂住瓶蓋，利用槓桿原理向上抬起。

長柄的較方便使用。

以姆指為支柱，手腕向上抬高。

開罐器

用刀刃頂住罐頭的凹槽，一面推動刀刃，一面開罐。

最後的地方要一點一點切斷。

另一手轉動罐頭。

切片器

刀刃很利，較小的食材要切片時，用叉子叉著從前面開始切片。

削皮器

皮頂住刀刃，向前輕推。

方便使用的小器具

秤
人口不多的家庭，1公斤的秤就夠用了。

脫水器

夾子
方便取出熱食。

木鏟

定時器
數位式較好，最好有磁鐵可以吸在冰箱上。

橡皮刮刀

抹布架

廚房用剪刀

木塞拔取器

有孔杓子

打蛋器

切板
可以在餐桌切麵包或起士。

橡膠製開瓶蓋器
開瓶蓋時使用。

開始使用與清潔——更方便的使用方法

凡事開始的時候都是最重要的。烹飪用具在開始使用時,只要加入一些小訣竅就能用得更得心應手。使用後仔細清潔,隨時都可以更輕鬆方便的使用。

開始使用時的重點

● 陶鍋

因為是素燒製成的,所以容易產生裂縫,第一次使用時用洗米水或稀飯熬煮,或是用3倍水煮麵粉,這樣就可以達到防止陶鍋龜裂的目的。

● 鋁鍋

鋁鍋容易沾附黑垢,剛開始使用時可以加入檸檬、蘋果皮、醋水、蔬菜屑、洗米水等,即可預防黑垢附著。

洗米水等

開火前要先擦乾鍋底的水。

● 鐵製平底鍋

用去污粉洗掉防鏽膜之後,塗一層使用過的食用油。
形成黑膜之後就不要使用清潔劑,可以用刷子等加熱水清洗。

清潔保養與解決問題的小技巧

● 琺瑯鍋

一旦碰撞就容易造成琺瑯剝落及生鏽，也不耐急速的溫度差異。

一旦附著黑垢就要在炭酸氫鈉或中性清潔劑中加入少量的水，用海綿或布用力洗乾淨。

去污粉
刷子

● 氟素加工（不沾鍋）

空燒或用金屬刷容易造成損傷。

用海綿加廚房清潔劑清洗。

● 烤網

使用時請先預溫。
使用過後，產生的焦垢加溫去除。

● 長筷子與飯匙

使用前先沾溼比較不易附著污垢與味道。

● 沾附在鋁鍋上的黑垢

用熱水加一點醋或廚房清潔劑，浸泡一下再用木鏟清除。

● 銅鍋

嚴禁空燒！
原則上使用小火烹煮。
大火加熱會造成保護電鍍層剝落生鏽。

● 附著牛奶的鍋垢

將四分之一個洋蔥加水放進鍋裡煮。

● 不鏽鋼鍋

不易生鏽

| 13號不鏽鋼（13%鉻＋鐵） |
| 18號不鏽鋼（18%鉻＋鐵） |
| 18～8號不鏽鋼（18%鉻＋8%鎳＋鐵） |

● 殘留在鍋裡的魚腥味

水中加入橘子皮煮。

動手試試看

・用一個平底鍋做早餐

①全部食材放進平底鍋，開火。

②除了蛋以外全部翻面加一點水，蓋上鍋蓋。

③用中火烤到好。加鹽、胡椒、番茄醬，依自己喜好使用調味料「開動！」

平底鍋倒少許油

將菠菜等青菜切成適當大小

香腸
培根
火腿等

蛋打在鋁箔模型中

餐具───預備方法與清洗方法

餐具是做菜時不可或缺的用具，一般家庭至少應該具備的餐具有哪些？

必備的餐具清單　（★必需品　○最好具備的用具）

●重點●
· 容易重疊的形狀
· 中西式都可使用的餐具
· 容易清洗的餐具

○大盤子（或是深盤子）

○醬油碟

○小鉢

★中盤子

約22～27公分

★小盤子（個人用盤子）

15公分左右

★大碗

○中碗

直徑約12公分

高約6公分

★飯碗

大約是雙手圍一圈的大小。
重量是100～120公克。

★馬克杯
（咖啡杯）

○玻璃杯

★茶杯
直徑約6公分

好拿，邊緣較薄、平滑。

★小茶壺

★托盤

中間鋪上布或紙巾，端東西時比較不會滑動。

★叉子
★湯匙
○刀

不鏽鋼製、易拿取者。

★筷子

易拿取者。前面細的較易夾取。

清洗的重點

● 漆器

漆器味道較重時，使用前先放進米桶2～3天，放在通風良好，但是無日照的地方。使用前用醋擦過，去漆味的效果也很好。

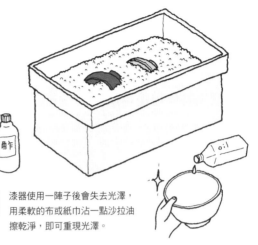

漆器使用一陣子後會失去光澤，用柔軟的布或紙巾沾一點沙拉油擦乾淨，即可重現光澤。

● 陶器

剛開始使用時煮一煮，可以消除泥土的味道。

● 玻璃餐具

要去除霧朦朦的狀態時，用海綿沾醋（或檸檬汁）與鹽擦拭。也可以使用漂白劑。

洗的時後與其他餐具分開清洗，以免打破。

疊在一起的玻璃餐具無法分開時，外面加溫水，裡面加冷水，浸泡約2～3分鐘後再分開。

● 茶壺中的茶垢

使用酵素類的漂白劑。

● 彩繪或是金銀花紋餐具

使用海綿沾廚房用清潔劑即可洗淨。

去污粉
金屬刷子

● 湯匙與叉子

要回復光亮時，用布沾牙膏擦拭。

微波爐 I ——基本的使用方法

對初學者來說，微波爐是最安全方便的烹飪工具。了解微波爐加熱的原理，才能正確使用微波爐。

為什麼沒有火但是可以煮熟呢？

其中的秘密就在於一種名為微波的極短波。微波的頻率與水分子轉動的頻率（每秒24億5千萬次）相近，可以將食物內的水分子產生作用，使食物中的水立刻超熱，再將熱傳導到食物。微波爐的特徵是……

1. 讓水分震動。
2. 可穿透玻璃與陶磁器。
3. 只能達到距含有水分的材料表面起約6～7公分。

（所以體積較大的食物會發生受熱不均勻的現象）

基本的使用方法 （各機種的使用方法不盡相同，請參閱微波爐的說明書）

1. 加熱時間隨分量而不同

數量增加，
時間也增加。

2. 等距離擺放

3. 用保鮮膜防止食物彈跳

要保留食物水分時使用保鮮膜，
要讓食物乾又脆時不使用保鮮膜。
加熱時容易彈跳的食物，請使用
保鮮膜。

4. 不能隨時調整溫度

最適合一次完成加熱的烹調方式
或是解凍。

小火　　中火

加熱時間的基準 （每100公克）

葉菜類 約1分鐘　　根莖類 約2分鐘　　魚、肉類 約1.5分～2分鐘　　蝦、烏賊類 約1分鐘

用
具

微波爐烹調時要注意的事項

● 溫度容易過高

肉類、油炸類或糖含量較高的食物直接使用保鮮膜時,保鮮膜可能被高溫溶解。
(一定要使用時,請使用可耐140度高溫的產品)

● 要戳洞的食品

蛋黃或香腸、魚卵等微波前,先用叉子戳幾個洞。

可以使用的容器與不能使用的容器

陶磁器	○	耐熱容器	陶鍋等。
	○	普通容器	彩繪或是金銀花紋餐具。
玻璃容器	○	耐熱容器	康寧餐具等。
	△	普通容器	長時間加熱就會破裂。 水晶玻璃與強化玻璃會破裂。
塑膠容器	○	聚丙製	產品標示耐熱溫度達120度以上的容器。
	×	其他	聚乙烯製、苯酚製、美耐皿製等餐具都不耐熱。
金屬容器	×		會產生火花。
保鮮膜、塑膠袋	○		油炸類食品及含糖量高的食品直接包覆時會溶解,必須特別注意。
木、竹、紙等	△		放有食品或是溼的就可以。 漆器或是仿漆器都會變質。

動手試試看

要溫熱一杯牛奶時,哪一種比較方便?

直接加熱
鍋邊會燒焦,要小火慢慢加熱。

微波爐加熱 約1分鐘即可。

少量加熱時,微波爐較方便。

微波爐 II ──── 使用的要訣

了解微波爐的特性並且善用微波爐的特性，這是使用微波爐最重要的要訣。

※微波爐的解凍要訣請參閱P.74

用具

烹調的要訣

微波爐最適合燙青菜或少量烹調。
（大量烹調時容易發生加熱不均勻的現象）

● 燙青菜

洗乾淨之後不要瀝乾，用保鮮膜包起來加熱。

根與葉交互用保鮮膜包起來。

菠菜
半把約1分30秒。

要訣是保鮮膜的接縫處在下面。

用冷水沖洗。可以防止太熟，並且讓青菜的顏色更鮮嫩，以及達到去除澀味的效果。

豌豆莢
半包（50公克）約1分鐘，去筋後用保鮮膜包起來。

● 蜜汁胡蘿蔔

奶油
2大匙

糖
3大匙

西式醬汁
1/2杯

胡蘿蔔
1小根

用保鮮膜包起來，微波6～7分鐘就好了。

● 香脆培根

吸油紙巾

不要重疊。

50公克約1分鐘。
視狀況決定要不要重複微波。

● 要讓食物的顏色比較焦黃時

塗多一點醬油或味噌。

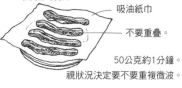

動手做做看

· 蔬果片

①蘋果或馬鈴薯切成薄片。
　用切片器和家人一起切片。
②充分瀝乾之後，一字排開，微波4～5分鐘。
③觀察微波完的樣子，視狀況再微波2～3分鐘。
　變脆就好了。依個人喜好灑上鹽巴即可食用。

加熱飯菜的要訣

● 熱飯的3種方式

1. 常溫保存

直接用保鮮膜包起來，
微波1分鐘即可。

2. 冷藏保存

先噴水之後再用保鮮膜
包起來，微波1分多鐘。

3. 冷凍保存

保鮮膜穿孔或不加保鮮膜
微波2～3分鐘。

● 炒菜

不用保鮮膜。
水分較少時，
加一點沙拉油
拌一下。

● 油炸食品

原則上不用保鮮膜。
鋪上吸油紙巾。
要用保鮮膜時，輕輕
蓋上。

● 煮的食品

蓋上保鮮膜。
湯汁從表面流下，量多
時，微波到一半拌一下
再加熱。

湯汁較少時，
保鮮膜蓋在
食物上。

● 咖哩或燉牛肉

圓形餐具比方形餐具更容易
均勻加熱。

蓋上保鮮膜。
鹽分較多的食物
微波不易穿過，
加熱途中拌一拌
再繼續。

● 蒸的食品

蓋上溼紙巾，上面再蓋
保鮮膜。

● 市售的便當

取出鋁箔碗或是醃漬的
小菜。

容器上可確認。

動手試試看

· 熱毛巾

擠鬆一點，
微波約30秒。

· 微波時弄髒微波爐該怎麼辦？

用廣口杯將七分滿的水，不用保鮮
膜微波2～3分鐘，暫放一會兒。

等到微波爐中充滿蒸氣之
後，用溼毛巾轉圓圈擦拭。

瓦斯爐與電磁爐——基本的使用方法

烹調不可或缺的瓦斯爐與近年流行的電磁爐（IH），是非常方便使用的爐具，只要一個開關就可以控制火候。雖然方便使用，但是使用錯誤卻是十分危險的事。

瓦斯爐的使用方法

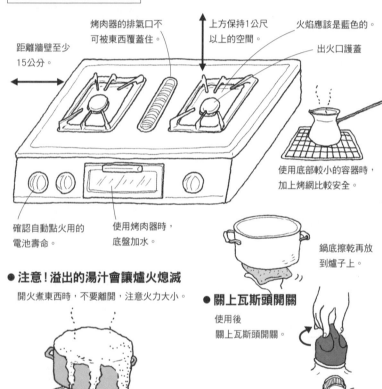

烤肉器的排氣口不可被東西覆蓋住。

上方保持1公尺以上的空間。

火焰應該是藍色的。

距離牆壁至少15公分。

出火口護蓋

使用底部較小的容器時，加上烤網比較安全。

確認自動點火用的電池壽命。

使用烤肉器時，底盤加水。

鍋底擦乾再放到爐子上。

● **注意！溢出的湯汁會讓爐火熄滅**

開火煮東西時，不要離開，注意火力大小。

● **關上瓦斯頭開關**

使用後關上瓦斯頭開關。

● **沒有全部著火時該怎麼辦？**

經常是因為出火口護蓋被污垢堵住。剛關火時，護蓋溫度很高，等到冷卻後再將護蓋取下清洗。（清洗方法請參閱後述）

● **為什麼瓦斯火焰是紅色的呢？**

這是因為不完全燃燒引起的，可以調整空氣調整桿或是加強換氣。（有時是因為安裝加溼器的原故）

清潔保養要訣

橡皮管

橡皮管可以捲上鋁箔加以保護。鋁箔髒了取下換新的即可。

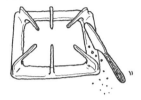

爐架

用金屬刷或是刀子刮下黏在上面的污垢。

出火口護蓋

用牙刷或鋼刷將阻塞在出火口的污垢刷除。

不小心燙傷時該怎麼辦？

用冷水沖
10分鐘以上！

如果是連同衣服一起燙傷，衣服不要脫掉，連衣服一起沖水降溫。

使用電磁爐（IH）的方法

磁力產生線圈

表面塗裝

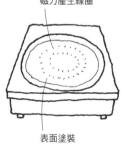

● 加熱的結構

運用磁線的作用讓鍋子本身像加熱器般產生熱量。

可使用的鍋具	鐵、鐵琺瑯、不鏽鋼鍋等。鍋底是平的鍋具。
不可使用的鍋具	陶鍋、鋁鍋、耐熱玻璃等。鍋底是圓形的鍋具。

※用油烹調時如果使用方法錯誤可能會造成突然起火。使用前請詳細閱讀使用說明書。

小烤箱───基本的使用方法與輕鬆的烹調法

小烤箱雖然小但是功能卻不輸一般烤箱，是非常好用的廚具。
這裡就說明小烤箱的使用要訣。

基本的使用方法

1. 時間要短。
   加熱時間參考標示的說明。
   利用玻璃窗一面確認一面調整火力。
2. 沒有溫度調節功能時，運用鋁箔紙
   的技巧。
3. 烤箱周圍全部是熱的，小心燙傷
   烤箱上方「不要放東西、不要靠在
   上面、不要碰觸」
4. 不要一下子把爐門打開。
   烤箱內的溫度很高。

整個烤箱都很熱，小心燙傷！

定時器

轉動式定時器要轉到1～2分鐘
的小刻度時，先轉到後面的刻
度處，再回轉到適當處。

用鋁箔紙加熱的3種技巧

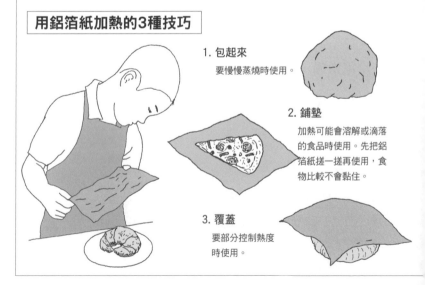

1. 包起來

要慢慢蒸燒時使用。

2. 鋪墊

加熱可能會溶解或滴落
的食品時使用。先把鋁
箔紙搓一搓再使用，食
物比較不會黏住。

3. 覆蓋

要部分控制熱度
時使用。

輕鬆的烹調法

● 用烤箱也可以煮蛋嗎？

用鋁箔紙將蛋包起來，加熱7～12分鐘。

嘗試幾次就
知道多久可
以將蛋黃加
熱到自己喜
歡的硬度。

生蛋

● 什錦炒菜

將食材塗上沙拉油。

烤到表面顏色變焦黃。
加鹽或胡椒、醬油等
依個人喜好調味。

鋁箔紙　　烤盤

● 健康油炸

想吃油炸的食物又怕油膩膩的感覺時，
可以試看看烤箱油炸法。
在麵包粉上滴幾滴沙拉油，
烤約7～12分鐘。

小的炸豬排
或是可樂餅

重複幾次
或烤約
4～5分鐘。

鋁箔紙　　　　烤到中間熟即可。

● 早餐的砂鍋

在食器塗奶油或
沙拉油。
將萵苣與火腿切
碎，再打一個蛋，
然後放進烤箱烤。

● 蛋黃土司

乳瑪淋塗在整片土司上。

厚片土司
正中央塗
少一點。

打一個蛋。

烤到焦黃就完成了。

大烤箱的使用方法

烹調前先預熱10～20分鐘，讓烤箱內部的
溫度達到一致。

上層		表面要烤出焦黃的顏色時。 焗烤
中層		要平均受熱時。 肉塊、較大的麵包、圓形的馬鈴薯等
下層		不要烤出焦黃的顏色時。 布丁

火候控制的標準
高溫
約200度
中溫
約150～170度
低溫
約110～140度

電烤盤———基本的使用方法與輕鬆的烹調法

全家圍在餐桌邊，一面體驗燒烤的樂趣一面享用美食時，最好的道具就是烤盤了。烤盤是「利用電力加熱的鐵板」，了解電烤盤的原理，就可以輕鬆享用美食。

基本的使用方法

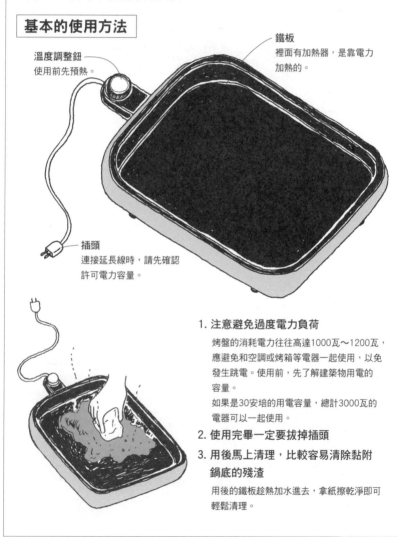

溫度調整鈕
使用前先預熱。

鐵板
裡面有加熱器，是靠電力加熱的。

插頭
連接延長線時，請先確認許可電力容量。

1. 注意避免過度電力負荷

烤盤的消耗電力往往高達1000瓦～1200瓦，應避免和空調或烤箱等電器一起使用，以免發生跳電。使用前，先了解建築物用電的容量。

如果是30安培的用電容量，總計3000瓦的電器可以一起使用。

2. 使用完畢一定要拔掉插頭

3. 用後馬上清理，比較容易清除黏附鍋底的殘渣

用後的鐵板趁熱加水進去，拿紙擦乾淨即可輕鬆清理。

輕鬆的烹調法

● 米披薩

①蔬菜與火腿切碎，全部混合在一起。

生蛋　剩飯　配料

火腿

鹽　胡椒

②食材鋪平在電烤盤，雙面燒烤。

③依喜好塗上醬汁或是番茄醬、美奶滋等即可食用。

● 簡易鬆餅

①趁材料還沒有乾黏之前充分攪拌，加一大匙奶油。

蛋1個　糖1小匙

麵粉1杯

牛奶1杯

鹽1小撮

②淋一層薄薄的沙拉油，將①的食材倒進烤盤裡，雙面燒烤。

③將自己喜歡的果醬、水果、鮮奶油、火腿、美奶滋等夾在中間即可食用。

● 烤飯糰

①做好的飯糰雙面燒烤。
②表面烤到乾又脆之後，塗上醬油。
③雙面燒烤。
香味四溢即可食用。

冰箱 I ————基本的使用方法與要訣

冰箱是儲存與烹調食物不可或缺的幫手。雖然什麼食物都可以放進冰箱裡，但是了解正確的使用方法更能增加食物的新鮮美味。

用
具

基本的使用方法

記住冰箱保存食物的基本守則，才能確保食材的新鮮美味。（參閱 P. 374）

1. 了解冰箱內各處不同的溫度設定，依溫度特性放入適合的食材。
2. 不可以放著不管。不論冷藏室或冷凍室，仍都是食品中黴菌滋生的溫床。
3. 不要太擠，放到七分滿即可。
4. 儘量減少開關門的時間。（夏天時，開門10秒鐘就會改變冰箱內的溫度）
5. 注意保持乾燥及除臭。

冰箱內的適當溫度與適當儲存的食材

各商品不盡相同，請參閱操作手冊。

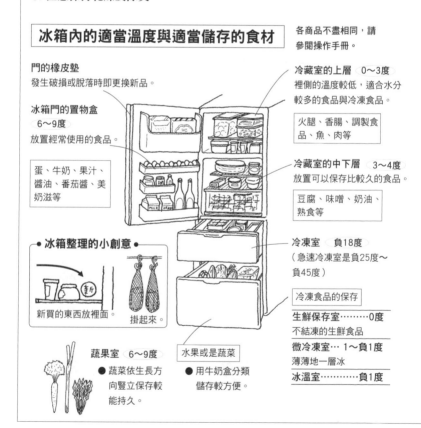

門的橡皮墊
發生破損或脫落時即更換新品。

冰箱門的置物盒 6～9度
放置經常使用的食品。

> 蛋、牛奶、果汁、醬油、番茄醬、美奶滋等

● 冰箱整理的小創意 ●

新買的東西放裡面。

掛起來。

蔬果室 6～9度
● 蔬菜依生長方向豎立保存較能持久。

水果或是蔬菜
● 用牛奶盒分類儲存較方便。

冷藏室的上層 0～3度
裡側的溫度較低，適合水分較多的食品與冷凍食品。

> 火腿、香腸、調製食品、魚、肉等

冷藏室的中下層 3～4度
放置可以保存比較久的食品。

> 豆腐、味噌、奶油、熟食等

冷凍室 負18度
（急速冷凍室是負25度～負45度）

> 冷凍食品的保存

生鮮保存室………0度
不結凍的生鮮食品

微冷凍室… 1～負1度
薄薄地一層冰

冰溫室…………負1度

適合與不適合放進冷藏室的食物

 洋蔥 胡蘿蔔 生薑 秋葵 茄子 馬鈴薯 番薯 蒜頭

（用過要放冰箱）

適溫	芋類……10 15度（常溫）	蔥類……約5度（蔬果室）

△	洋蔥、胡蘿蔔 南瓜、蘿蔔 牛蒡	・不必刻意放進冰箱　。 ・放在通風良好的陰暗場所。 ・容易發生酸味。
✕	秋葵、茄子	・容易枯萎變黑，流失維生素C。
✕	馬鈴薯、番薯等芋類	・澱粉質發生變化，使味道變差。 ・放置在陰暗的場所。
✕	香蕉	・溫度太低會使皮變黑。
✕	味道較濃的食品 （蒜頭、生薑等）	・味道會轉移。 ・用保鮮膜包起來或放入密閉容器。
✕	麵包	・變乾硬。 ・用保鮮膜等密閉放進冷凍室。

● 調味料

○液體調味料
開封後要放
進冰箱。

✕粉末調味料
常溫保存。

◎含有動物性蛋白質者

美奶滋、油性醬汁等

○易受潮者

天然鹽、糖、湯料等

適合與不適合放進冷凍室的食物

○加熱過的食品基本上可以放

✕經過解凍的食物

✕生鮮蔬菜

○肉

○魚

✕生雞蛋

詳細請參閱P.374

121

冰箱 II ——烹調的創意與輕鬆的烹調法

冰箱除了有「冷凍」、「冷藏」食品的功能之外，還可以輕鬆做出各種好吃的食物。

用具

利用冷凍室做出創意美食

● 香蕉冰棒

香蕉剝皮後插根竹籤，用保鮮膜包好整隻放進冰箱。

● 冰碗

- 小碗
- 水
- 中間像開花一般夾進去。
- 大碗

結凍之後澆水，將容器取下。

● 水果凍優格

利用剩下的水果做成的。

在市售的優格中加入切碎的水果放進冷凍庫。

● 可可冰塊

將可可調製成比熱飲時更甜一點的味道倒進製冰盒中，冷卻後放進冷凍室。

122

輕鬆的烹調法

● 蓋飯

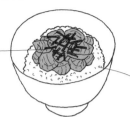

可以加紫蘇與
海苔

鮪魚生魚片淋醬汁
（芥末醬油+少許麻油）
放冷。

要吃之前再盛上熱飯。

● 番茄冷盤

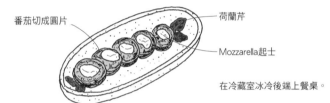

番茄切成圓片

荷蘭芹

Mozzarella起士

在冷藏室冰冷後端上餐桌。

● 沙拉義大利麵

將煮剩下的義大利麵
拌美奶滋即可食用。

也可以將鮪魚罐頭、火腿、小
黃瓜、番茄、萵苣等切碎拌在
一起，放進冷藏室。

● 牛奶杯子蛋糕

①在鋁杯或鋁箔紙做成的杯
　子裡裝入麵包。
②杯裡加入牛奶與糖，微波
　1分鐘。
③滴1～2滴香草精，等香草
　精滲入法國麵包中即可放
　進冰箱冷藏。

法國麵包
約3公分

糖
1～2大匙

牛奶
2/3杯

菜刀 I ———— 基本的使用方法

為了確保安全使用菜刀，熟練是最重要的。小朋友剛開始不習慣用菜刀時，可以和家長一起練習。

用具

菜刀的基本與使用方法

用菜刀切食材的原則是切成方便食用、方便加熱的大小，並且增加味道滲入的面積。

（參閱P. 76～79）

● 使用菜刀的原理 ●

將向下壓的力量轉變成向兩側壓的力量。刀刃愈薄愈好用，因為刀刃愈薄，壓下的力量就愈大，因此就愈省力。但是魚頭等比較硬的部分，刀刃太薄反而切不動。

● 日式菜刀與西式菜刀

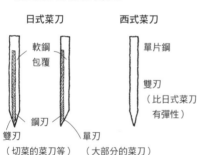

日式菜刀　　　　西式菜刀

軟鋼
包覆　　　　　　單片鋼

　　　　　　　　雙刃
　　　　　　　　（比日式菜刀
鋼刀　　　　　　有彈性）

雙刃　　　　單刃
（切菜的菜刀等）（大部分的菜刀）

● 方便使用的刀刃大小

刀刃愈重愈方便使用。

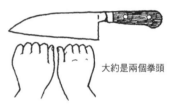

大約是兩個拳頭

● 使用到一半…

刀刃向外放在砧板的外側。

切菜的基本方法

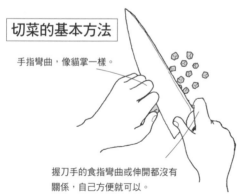

手指彎曲，像貓掌一樣。

握刀手的食指彎曲或伸開都沒有關係，自己方便就可以。

使用過後…

馬上清洗放回原處。不要和其他餐具一起放進洗碗槽中，以免發生危險。
軟木製的酒瓶栓沾清潔劑磨刀刃，可以讓刀更利。

菜刀各部位的使用方法

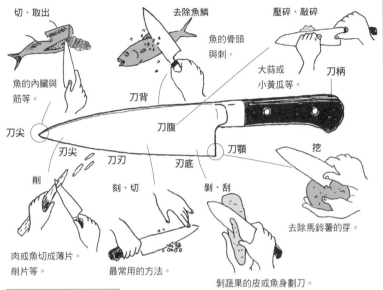

切、取出

魚的內臟與筋等。

去除魚鱗

魚的骨頭與刺。

壓碎、敲碎

大蒜或小黃瓜等。

刀柄

刀背

刀腹

刀尖

刃尖

刀刃

刃底

刀顎

挖

削

刻、切

剝、刮

去除馬鈴薯的芽。

肉或魚切成薄片。削片等。

最常用的方法。

剝蔬果的皮或魚身劃刀。

基本的切菜方式

1. 切向壓切

刀尖朝斜上方，向前方推出。

蔬菜等

2. 拉切

刃底頂住食材，向後拉至刃尖。

魚或肉等

3. 削切

刃底頂住食材，菜刀斜躺，薄切地向後拉。

往食材的左邊切。

生魚片等

不正確的切法

垂直切下會將食材弄碎。

菜刀II ──種類與磨刀法、砧板

只想預備一把菜刀，就只要預備萬用刀或是切肉刀即可。菜刀的種類繁多，用途也各不相同。

用
具

菜刀的種類

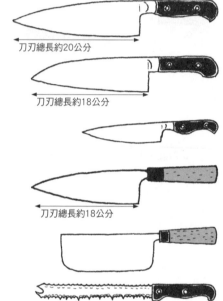

刀刃總長約20公分

牛刀
切肉用的雙刃菜刀。

刀刃總長約18公分

三德刀
又稱為萬用刀。可兼牛刀或切菜用。

削皮刀
小形的西式菜刀。用來削蔬果的皮或是挖空、雕花用。

出刃刀
單刃的日式菜刀，主要用在魚料理或去骨。

刀刃總長約18公分

切菜刀
雙刃刀。主要是用來切蘿蔔或年糕等較厚的食材。

冷凍刀
可以輕鬆切開冷凍的食材。

簡單的磨刀法

鋁箔紙

鋁箔紙重複折疊
後用刀切下

陶碗的底部（碗座）

刀刃在碗的底座邊緣
來回磨3～4次。

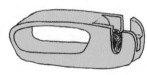

磨刀器
磨刀器沾水，刀刃
垂直插入向後推
5～6次。

西式菜刀的磨法

磨刀石依粗細有不同編號，如果只要預備一個，就選大約1000號左右。

● 磨刀比率「正面七成、背面三成」

①磨刀石使用前先沾水可以避免磨刀石受損。

②刀的表面（拿刀時向外側的面）向下，保持約15度的角度。

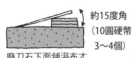

約15度角
（10圓硬幣
3～4個）

磨刀石下面鋪溼布才不會滑動。

磨刀石經常加水保持溼潤。

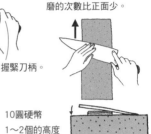

用手按住刀腹，推出時用力。刀刃略向內側磨的感覺。

③翻面，以相同方式磨，磨的次數比正面少。

握緊刀柄。

10圓硬幣
1～2個的高度

砧板的使用方法

● 木製的砧板比較方便使用

依砧板的部位分別使用。

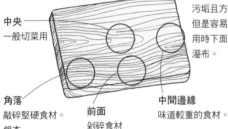

中央
一般切菜用

角落
敲碎堅硬食材。
銀杏

前面
剁碎食材

中間邊緣
味道較重的食材。

表面與裡面

分別標示切「魚肉」或是切「蔬果」用。

● 塑膠的砧板比較容易清洗

塑膠砧板不易沾附污垢且方便清洗，但是容易滑動，使用時下面一定要鋪溼布。

● 使用前一定要用水沖洗

乾燥時使用容易沾附污垢與異味。

● 清潔保養的方法

使用完一定要馬上清洗，經常曬太陽或用漂白水清洗。

漂白消毒
如果不能將整個砧板泡在桶子裡，就用布沾漂白水將砧板整個包起來。

切完生鮮食材後用水或鹽水清洗。不要用熱水清洗，以免味道滲入。

正確的洗手方法

手是細菌最好的傳播媒體。特地選購了新鮮的食材，卻因為手沒洗乾淨，這樣更容易發生危險。大家一起來學習正確的洗手方法。

洗手的重點

1. 烹調前一定要先洗手。
2. 烹調中上過廁所或是擤過鼻涕，也一定要洗手。
3. 接觸生魚、生肉之後一定要馬上洗手。
4. 洗1分鐘、沖1分鐘。

洗手的方法

①肥皂搓出泡沫。

②一手疊在另一手的手背上。

③指縫間仔細搓洗。

④指尖或指甲在手心中間搓洗乾淨。

⑤一手握拳，姆指插入轉動搓洗。

⑥手腕也要洗乾淨。

⑦沖水洗乾淨。

**洗好以後，
用乾淨的毛巾
擦乾。**

● **容易藏污納垢的地方**

手背
姆指全部與食指、中指、無名指指尖

手心
姆指側面、中指及無名指指尖

食材入門

終於主角要上場了，烹飪最重要的就是食材。魚、肉、蔬菜、水果或是乳製品…等，種類包羅萬象，除了單一食材之外，不同食材的搭配更可以創造出變化多端的菜色。所以烹飪是一門永無止盡的學問。初學者就先從單一食材的應用開始找出自己的拿手菜吧！

食材的搭配——美味的組合

如同人與人之間是否合得來一樣，食材之間也有合與不合。有關食材的搭配，早就存在著許多口耳相傳的知識。了解食材的搭配效果可以讓菜餚增色不少。

美味食材的組合

1.吸味的食材＋引出美味的食材

你也可以試看看怎麼搭配最完美。

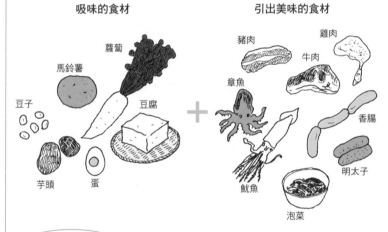

吸味的食材

蘿蔔
馬鈴薯
豆子
豆腐
芋頭　蛋

＋

引出美味的食材

豬肉
牛肉
雞肉
章魚
香腸
明太子
魷魚
泡菜

動手做做看

· 用平底鍋做牛肉燒豆腐（牛肉＋豆腐）

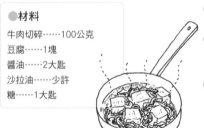

●材料

牛肉切碎……100公克
豆腐……1塊
醬油……2大匙
沙拉油……少許
糖……1大匙

①沙拉油倒進平底鍋中，大火快炒牛肉。

②轉小火，依糖、味淋、醬油的順序加入調味料，從甜味開始調味。可依個人喜好調味。

③豆腐切成10等分，放入鍋中，煮到豆腐的水分滾。肉味滲進豆腐即可盛起。

2. 口耳相傳的食材搭配法 　這些組合可以用煮或炒的方式料理

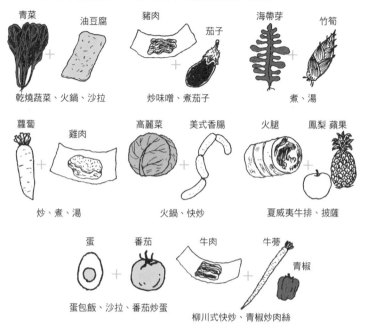

青菜　油豆腐
乾燒蔬菜、火鍋、沙拉

豬肉　茄子
炒味噌、煮茄子

海帶芽　竹筍
煮、湯

蘿蔔　雞肉
炒、煮、湯

高麗菜　美式香腸
火鍋、快炒

火腿　鳳梨 蘋果
夏威夷牛排、披薩

蛋　番茄
蛋包飯、沙拉、番茄炒蛋

牛肉　牛蒡 青椒
柳川式快炒、青椒炒肉絲

3. 醃漬食材的搭配 　醃漬的食材不僅可以單獨食用，也可以搭配做為提味的食材。

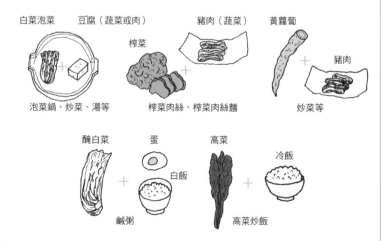

白菜泡菜　豆腐（蔬菜或肉）
泡菜鍋、炒菜、湯等

榨菜　豬肉（蔬菜）
榨菜肉絲、榨菜肉絲麵

黃蘿蔔　豬肉
炒菜等

醃白菜　蛋　白飯
鹹粥

高菜　冷飯
高菜炒飯

菜單設計 I ———如何設計菜單

「今天做什麼菜好？」做菜最傷腦筋的事，就是每天的菜單該怎麼設計。菜單，就是食材的使用與搭配。現在就告訴大家如何輕鬆設計出既美味又健康的菜單要訣。

設計菜單的6大重點

1. 食慾（誰要吃？）
2. 有什麼食材（冰箱或是家裡有什麼現成的食材？）
3. 烹飪技術（誰要做菜？）
4. 時間（有多少時間？）
5. 費用（有多少預算？）
6. 營養（1天、3天、1週的均衡）

<6大食品類> 只要注意從6大食品類中各選一種，就可以輕鬆擬定營養均衡的菜單。

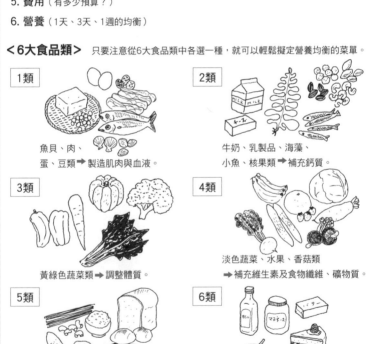

1類
魚貝、肉、
蛋、豆類 ➡ 製造肌肉與血液。

2類
牛奶、乳製品、海藻、
小魚、核果類 ➡ 補充鈣質。

3類
黃綠色蔬菜類 ➡ 調整體質。

4類
淡色蔬菜、水果、香菇類
➡ 補充維生素及食物纖維、礦物質。

5類
穀物、芋類、糖類 ➡ 糖分及礦物質的來源。

6類
油脂類 ➡ 脂肪能源的來源。

設計菜單的7個重點

1. 決定主要食材

例如每大類輪流列入。

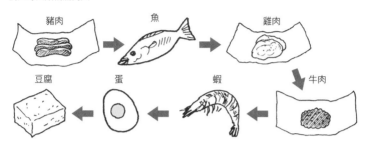

豬肉　魚　雞肉

豆腐　蛋　蝦　牛肉

2. 決定烹調法

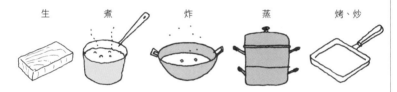

生　煮　炸　蒸　烤、炒

3. 依季節調味

春天…苦味　　夏天…酸味　　秋天…滋味　　冬天…甘味
（綜合口味）

4. 依照食材的顏色

黑、白、紅、藍、黃、綠
……經常使用顏色的搭配。

6. 注意味道的搭配

酸、甜、苦、辣、鹹
……組合5種味道。

5. 依身體狀況

最近缺乏的營養素、吃不到的食材
或那一類食物。
避免連續吃同一種食物。

7. 換人做做看

如果平常都是媽媽做飯，可以訂個
「爸爸做菜日」「我做菜的一天」等。
換人做做看，菜單也會有變化。

菜單設計II——實踐篇

已經知道要怎麼樣擬定菜單，接著就是實踐。現在就拿起紙筆準備擬定菜單。只要利用下表，你一定可以想出新的菜單。

平常都吃些什麼？

首先寫下今天、昨天及前天都吃了什麼。

	（　）日	（　）日	（　）日	（　）日
早				
中				
晚				
點心				

寫好之後別忘了檢視。

□有沒有連續同樣的主菜？
〔豬、牛、雞、絞肉、魚、蛋、豆類〕

□是否包含一天要攝取的6大類食品？
〔牛奶、乳製品、蛋、魚、肉、豆類、芋類、蔬菜（淡色、黃綠色）、海藻、水果〕

□是否使用不同的烹調法？
〔生、烤、煎、煮、炸、蒸、炒…等〕

烹飪表的製作

直列寫上食材，橫列寫上烹飪法。空欄寫想吃的東西或想做的東西。
你喜歡的菜大多是怎麼樣的組合方式呢？

食材＼烹調	生	煎、烤	煮	炸	蒸	炒	蓋飯	鍋	其他
豬		薑燒							
牛		牛排					牛肉蓋飯	牛肉鍋	
雞					白切雞	炒雞絲			
絞肉		漢堡					肉臊飯		
魚貝	生魚片 醋漬	鹽烤							
豆類				油炸豆腐		麻婆豆腐			
蛋		荷包蛋 蛋包飯							
蔬菜	沙拉		開陽白菜						
季節性 食品				炸山菜 天婦羅			蒲燒蓋飯		
麵			陽春麵			炒麵		鍋燒麵	
飯		米披薩				炒飯			手捲 握壽司
其他								關東煮	

調味 副菜MENU

主菜搭配不同口味的1、2道副菜，這樣就可以組合出美味的菜單。
下表請將味道與食材搭配在一起，填寫副菜。

調味 食材	醬油	鹽	醋	糖 味淋	味噌	其他
蔬菜	燙菠菜	醃白菜				芝麻醬調味
豆類 （油豆腐、豆腐）	涼拌豆腐			日式白醬	味噌 燒豆腐	豆腐 沙拉
芋類	煮芋頭	炸薯條				
蔬菜		涼拌 小黃瓜	西式泡菜			梅肉醬 拌蘿蔔
海藻			醋漬 海帶芽			
乾貨	煮小魚乾					
季節性食材					味噌 拌獨活	
湯汁	清湯				味噌湯	濃湯
其他			醋漬 鮭魚			韓國泡菜

穀　類

可製成飯麵等米、麥、玉米的稻科植物與雜糧類，統稱為
「穀類」，因為含有豐富的蛋白質，所以多被當成主食。
你喜歡哪一種穀類食物呢？

米｜————選購方法與保存方法

很多人都以為「吃飯會變胖」。其實米飯是非常好的東西，可以預防肥胖，只要增加副食品的種類就可以輕易保持均衡的飲食。從二千多年前開始，米飯就是中國人的主食，現在讓我們重新來認識米飯。

※炊煮方法請參閱P.34～35

米的構造與種類

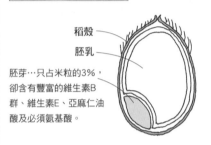

稻殼

胚乳

胚芽…只占米粒的3%，卻含有豐富的維生素B群、維生素E、亞麻仁油酸及必須氨基酸。

● 粳米…平常煮飯的米。
● 糯米…含有黏性，用來做成糕點類食品。

稻穀

糙米
去稻殼。用壓力鍋蒸煮。

胚芽米
去除糙米的米糠層。剩餘胚芽達80%，營養價值很高。

白米
去除米糠層與胚芽的一般白米。

營養　米含有豐富的蛋白質與澱粉，鎂和磷的含量也很高。胚芽米與糙米更含有豐富的維生素B群與亞麻仁油酸。

購買與選購的方式　新米從8月到11月產出。

● **小心辨識知名米種**

市面上出現知名產地的米量遠遠大過於產地的產量，這其實是假借劣質米混充的原故。購買時一定要注意看清楚標示，在信用可靠的店裡購買，並慎選清楚標示生產業者的產品。

● **米是生的**

米會氧化，所以不要混品種購買。已經製成精製米的產品，購買後要及早食用。

● **可以參考米食味道的排名**

日本穀物檢定協會每年都會公告「米食味道的排名」。

與基準米比較
進行評估。

特A…特別好
A …好
A′…與基準米相同
B …略差
B′…差

名稱	名稱			
	產地	品種	生產年分	使用比率
原 料 糙 米	國產米			100%
	○○縣	越光米	○年生產	70%
	○○縣	池上米	○年生產	30%
重量	5kg			
製造日期	○年○月○日			
經銷商	○○○○有限公司 ○○縣○○市○○路○○號 TEL：（○○）○○○○○○○○			

● 米袋標示的舉例

確認產地、品種、生產年分。

要檢視原料糙米的使用比率。

混合超過一半以上的混種米也有品牌標示。

混種米
混有2、3種品種的米。

米的品質一旦劣化，就會氧化產生粉末。

保存

· 保管於通風良好且涼爽陰暗的場所。

· 一般廚房溫度較高，不適合大量存放。

· 如果冰箱還有空間，可以密封後放進冰箱。

· 夏季存放以2週為宜，冬季以1～2個月為宜。

手放進米桶裡拿出來，手沾上白粉就表示米已經變質。

各種米的烹煮方法

· **無洗米**…是以特殊方法去糠製成的，所以不必淘洗即可烹煮。

米1 ： 水1.2～1.3

浸泡約30分鐘再煮

· **胚芽米**…水比白米多約一成。

要訣 浸泡約1小時再煮。

· **糙米**…原則上用壓力鍋烹煮。

米1 ： 水 1.3

「用電子鍋烹煮時，可以加入冰塊」

糙米2杯、2杯水、製冰盒1盒的冰。

● 米加工品 ●

米除了可以煮成米飯當成主食以外，還有其他用法。

· **上新粉或是白玉粉**…可以用來做成丸子與點心。（參閱P.154）

· **米**…使用麴黴讓煮好的米發酵可以製成甜酒、味淋、米味噌、米醋及醃漬食品。

· **糯米**…炊煮後製成各種點心。
　煎餅、米果…用乾燥的米或米粉烤或炸。

· **米糠**…米糠製成粉，可以製成米糠醃漬物或是米糠油。

· **米粉**…米碾成粉之後從小孔壓出蒸熟。

· **生春捲皮**…米粉加水調合之後，倒在蒸布上蒸煮。

米 II ——輕鬆的烹調法

沒有任何食材，只有米也可以
做出美味的食物。

烹調前
別忘了洗手。

※洗手的方法
請參閱P.128

用米飯做出美味的食品

● 飯糰與手捲

●材料

煮好的飯
保鮮膜
飯碗
墊布
喜歡的配料

● 飯糰

①在飯碗裡鋪上大於飯碗的保鮮
膜，裝入白飯。

②將香鬆、胡椒鹽、醬油口味的
柴魚等放飯上，把梅乾等喜
歡的配料加進去。

飯

保鮮膜

飯碗

③利用保鮮膜做出
圓形、三角形、
方形等飯糰。

● 手捲

①墊布上鋪保鮮膜，在生菜或
海苔上盛飯。

②加起士、火腿、白煮蛋等喜歡
的配料。

③墊布與保鮮膜一起捲成圓形的
手捲。

生菜或海苔

保鮮膜

墊布

飯

兩邊扭轉。

● ＋－×÷的算術蓋飯

●材料

使用具有下述
效果的食材

＋（加上去）
－（斟酌使用）
×（相乘效果）
÷（分隔效果）

● 沙拉＋美奶滋蓋飯

在飯上加綠紫
蘇、水菜、番
茄、蒲燒魚、
豬肉等喜歡的
配料。

淋上美奶滋或日式沙拉醬、醬
油、芥末等自己喜歡的佐料。

● 納豆×海苔×蓋飯

海苔
納豆

把海苔與
納豆加在白飯上。

● 梅乾－柴魚－蓋飯

飯
梅乾
飯
柴魚
飯

像三明治一般的
分層放置配料。

● 雞蛋÷蓋飯

飯上打顆生雞蛋

飯

淋上醬油等
喜歡的佐料。

食材

穀類

● **鮭魚壽司飯**

●材料＜4人份＞
鮭魚罐頭…2罐　煮好的飯…（大碗4碗）
萵苣、豆芽、小黃瓜等蔬菜…（切碎）
海苔、紅薑…少許　醋…1大匙　糖…2小匙

①糖溶解在醋裡，拌在
　熱飯裡。

醋1大匙

糖
2小匙

煮好的飯

②將罐頭裡的鮭魚倒
　進飯裡。

③加入切碎的蔬菜，稍微拌
　一下。

最後再灑上紅薑與
海苔即可。

米加工品的作法

● **簡單的炒米粉**

●材料
豬肉絲…100公克
蔬菜（豆芽或青菜）
米粉…100公克
燒肉醬汁…適量
鹽、胡椒、麻油…少許

米粉泡溫水約15分鐘後，
瀝乾水分。

①豬肉切絲，炒到變成
　白色。

②加入蔬菜，炒軟。

③加入米粉，用燒肉醬汁調味。

再依個人喜好加入
鹽、胡椒、麻油等
即完成。

中華麵——種類與烹調要訣、輕鬆的烹調法

中華麵（又稱鹼水麵、廣東拉麵）的原料也是麵粉，但是加入名為「鹼水」的鹼性水，所以呈現出黃色卷曲狀。這裡就告訴大家怎麼樣煮出好吃的中華麵。

食材

穀類

種類與特徵

● **乾麵**

大約能保存1年，所以在家裡預備一些庫存，隨時都可以做出湯麵、炒麵或涼麵。

● **燙麵**

把生麵燙熟。燙麵之前先汆燙一下。

● **蒸麵**

生麵蒸熟。使用前先汆燙一下，蒸的過程中讓麵吸收湯汁。
蒸過的麵可以用來做炒麵與油炸。

● **速食麵**

油炸
蒸熟的麵乾燥前用油炸過。油炸的麵容易氧化。

非油炸
生麵蒸熟或燙熟後加入有機酸，完全密封之後加熱殺菌。因為是非油炸的麵，雖然可以保存1年，但最好3～4個月就食用完畢。

● **生麵**

不耐存放，放在冰箱冷藏可以保存2～3天。

煮麵的方法

● **生麵**

足夠的熱水煮1～2分鐘。

● **乾麵**

使用足夠的熱水依標示時間燙熟。

● **煮麵與蒸麵**

足夠的熱水汆燙。

要訣
在滾水中汆燙去除鹼水的味道。

輕鬆的烹調法

● 簡單的鍋燒麵

●材料＜4人份＞
有湯汁的袋裝拉麵…4人份
冷凍水餃…1袋
火鍋料…適量
（切成適當大小）
菠菜、白菜、包心菜等
葉菜類、胡蘿蔔、香菇、
豆腐等

①水煮沸後加入拉麵湯汁。
②加入冷凍水餃，再沸騰時
　將切好的蔬菜與豆腐加進
　去煮。（先從胡蘿蔔等較
　硬的蔬菜開始加入）
③煮好後就可以吃鍋裡的料。
④最後加麵煮熟，連湯一起食用。

● 恰恰涼麵

●材料＜4人份＞
中華麵…4人份
豬絞肉…200公克
青蔥……1/3根
大蒜、生薑……一節
麻油、味淋、醬油、
豆瓣醬、味噌

①麵依規定時間煮開，用冷水沖
　涼，把水瀝乾。加一點麻油拌
　一拌。
②大蒜與生薑切碎，用平底鍋加
　麻油炒過。香味出來以後，加
　入絞肉炒到變色。
③味噌用味淋化開加醬油與豆瓣
　醬，混入②裡。味噌凝固時可
　加水醒開。
④麵裝在盤裡，加上配料就好了。

味噌
3大匙

味淋
3大匙

醬油
2大匙

豆瓣醬
少許

● 煮速食麵的重點 ●

·看清楚標示

確認食用
期限。

選擇沒有添加防腐劑
的產品。

·燙過麵的熱水先倒掉
燙過麵的熱水中含有從麵條
溶出的添加物。

選擇湯與麵不是裝在一起，
是分開包裝的產品。

烏龍麵 ——種類與烹調要訣、輕鬆的烹調法

烏龍麵是將麵粉、鹽、水調合在一起製成的麵，有不同的粗細度。手工烏龍麵非常有嚼勁，因此深受大家的喜愛。

種類與特徵

生麵…因為容易變質，所以一定要放在陰涼的地方。
乾麵…因為水分較少，所以適合保存。

● 讚岐烏龍麵

切成粗細度約1.7～3.8公釐。煮過之後再製成冷凍麵。

● 寬版烏龍麵

寬度約4～5公釐、厚度約2公釐的帶狀麵條。是一種必須使用小火慢煮的麵條。

● 稻庭烏龍麵

寬度2～3公釐的細烏龍麵。以手打的方式製成一根根的細麵。非常有嚼勁，煮成涼麵也很好吃。

營養

大部分的烏龍麵比米飯含有更豐富的澱粉、蛋白質與維生素B1。加水揉和之後，麩質會讓麵更有黏性。

乾麵的煮法

①在完全沸騰的水中加入麵條（麵條200公克加入2～3公升的水）。加入少許鹽，麵會更緊實。

②煮的時候一直攪拌避免麵條黏在一起，用大火煮到規定時間。水滿出來就再加冷水。

● 煮烏龍麵的重點 ●

煮麵前先氽燙一下再煮。

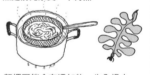

麵裡可能含有添加物，先氽燙之後，把水倒掉再重新煮。
煮麵時加入海帶芽一起食用，可以幫助將添加物排出體外。

③煮後用冷水泡過，用篩子撈出。

輕鬆的烹調法

● 手打烏龍麵

① 陶鍋中加水煮沸。
② 加入烏龍麵再煮沸，加水再
　 煮沸約2次。

●材料
手打烏龍麵
沾醬 { 高湯…4大匙
　　　 醬油…1大匙
　　　 味淋…1小匙
佐料菜 { 生薑、蔥
　　　　 蘿蔔泥
　　　　 青紫蘇

③ 第3次煮沸即可食
　 用。從陶鍋把麵撈
　 出，沾醬汁食用。

● 月見烏龍麵

●材料
烏龍麵…1球
市售的高湯塊
蛋…1個

① 依市售高湯塊的說明加水煮沸。
② 煮沸後加入烏龍麵，把蛋打進鍋。
③ 等到蛋略為凝固之後即完成月見
　 烏龍麵。

動手做做看

·手打烏龍麵

●材料
麵粉（中筋麵粉）…500公克
（ 高筋麵粉300公克
　 低筋麵粉200公克也OK ）
預備一些乾麵粉揉麵用。
鹽…1小匙、水…300cc

① 麵粉加鹽加水。
鹽　　　　　　水
1小匙　　　　 300cc
麵粉
500公克

② 揉到黏性出來。

③ 揉好的麵糰灑點麵粉後放進大
　 而堅固的塑膠袋中，用腳踩到
　 像耳朵一般
　 硬度。

④ 放置約30分鐘到半
　 天的時間醒麵。

⑤ 輕輕揉過麵以後，在擀麵
　 板上灑少許麵粉，一面用
　 擀麵棍擀麵的同時，一面
　 灑麵粉。擀麵時注意換方
　 向。

到約3公釐的厚度
手打烏龍麵做好了！

⑥ 疊成像枕頭般大小。

⑦ 切成3～5公釐寬的條狀。

蕎麥麵———種類與烹調要訣

蕎麥是一種耐寒又可以在短時間內收成的作物。不但如此，營養豐富，是非常好的一種食品。蕎麥粉是蕎麥果實去除胚乳部分碾製出來的。

種類與特徵

● **八分蕎麥麵（一般的）**
　蕎麥粉8：麵粉2

● **十分蕎麥麵**
　100%的蕎麥粉做成的，風味更佳。

● **更科蕎麥麵**
　蕎麥果實中心部分製成的。顏色是
　白色的，非常滑順爽口。

● **藪蕎麥麵**
　是一種不去除蕎麥麩皮碾
　製而成的淡綠色蕎麥麵。

● 選購蕎麥麵的重點 ●

·仔細看清楚標示，確認產地。
　進口產品也會標示製造日期。
·因為含有分解酵素，所以容易
　變質。
　生麵要當天食用，乾麵也要1
　年內食用完畢。

煮法

以足夠的水量燙約30
秒，不要加冷水。
燙好之後用冷水沖洗。

● **生麵**

● **乾麵**

煮時依產品標示說明
加水。

● **燙麵**

為減少殘留添加物，
一定要燙過再煮。

● 燙蕎麥麵的湯汁 ●

蕎麥的果實含有豐富的芸香
素，燙生麵時會溶進燙麵的熱
水，燙麵的水可以喝。

醬汁的基本

·沾醬汁
　湯汁4：醬油1：味淋1
　（湯汁是昆布柴魚高湯，依喜好
　　加糖）
·淋醬汁
　湯汁8：醬油1：味淋1

動手做做看

·涼麵
　麵煮好之後用冷水沖
　過，瀝乾裝盤。沾醬汁
　中依個人喜好加入蔥、
　薑、芥末、柴魚等配料。

·湯麵
　煮好的麵裡加入海苔、天婦羅麵衣屑、海帶芽、柴
　魚等配料，再加入熱湯即可食用。

麵線———種類與烹調要訣

麵線與細麵都是用麵粉、鹽與水製成的，只是粗細不同罷了。

種類與特徵

● 麵線

粗細度在1.3公釐以下，分為手工製造與機械製造。手工製作的麵線中心有氣孔，風味較佳。

● 細麵

粗細度為1.3～1.7公釐。圓形的是手工麵，方形的是機械製成的。

煮法　乾麵（1人份為2把）

① 在沸水中加入麵條。

② 用筷子攪拌避免麵條黏在一起，水滾出來就再加冷水。

③ 煮好以後，沖水搓洗。

動手做做看

・基本的涼麵

煮好的麵用水沖洗，水瀝乾以後撈起，捲成一口大小的麵球裝盤。

在沾醬中加入蔥、芝麻、生薑等，麵沾醬食用。

・金針菇湯麵

冷掉的麵裡加上罐裝的金針菇與高湯就可以了。

・味噌湯麵

將家中剩下的味噌湯加入煮好的麵，打個蛋花，加熱即可食用。

・梅乾麵

在高湯中加入柴魚與1～2個壓碎的梅乾，加熱即可食用。

義大利麵————種類與烹調要訣

義大利麵統稱為PASTA，義大利文原意是麵粉和水調和製成的意思，也就是西方人的麵條。義大利麵的種類不僅限於長條狀，還有螺旋狀、貝殼狀、圓筒狀…超過300種以上。

種類與特徵

● 長條麵（Spaghetti）

切口呈現圓形，粗細度約1.2～2.5公釐，細麵適合搭配清爽的醬汁，粗麵適合搭配濃稠的醬汁。

1.9公釐	最常使用的種類，煮熟的時間約9分鐘
1.2公釐以下	稱為Vermicelli，意思是細小的蟲
0.9公釐	稱為Capellini（髮絲），煮熟時間3分鐘

● 寬版麵

· Fettucine
平版的長麵條。

· Tagliatelle
粗且平的長麵條。

· Lasagna
薄的平板麵。

● 義大利餃子

· Ravioli
包起士或肉的方形義大利餃。

· Tortellini
中間包餡，捲成圓形的義大利餃子。

● 通心麵

2.5公釐以上的管狀義大利麵。
（不是帶狀或棒狀）

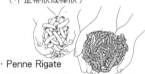

· Penne Rigate
筆管麵，最常見的形狀。

· Fusilli
螺絲麵。

· Cavatappi
彈簧狀的麵。

· Conchiglie
貝殼麵。

· Farfalle
蝴蝶麵。

● 做成湯料的義大利麵

選購的方法

· 杜蘭小麥粉（粗粒）愈多，愈透明美味。

· 食用期限約為3年，但是製造後6個月內最好吃。

· 選擇無磷酸添加者。

保存

· 最怕潮溼，選擇非陽光直射的陰涼場所。

· 不要開封，密封保存。

· 煮完剩下來的，抹沙拉油後放在保存袋中冷凍保存。要食用時依需要量折斷使用。

煮義大利麵的方法

①鍋裡裝水（麵的10倍），加入橄欖油或沙拉油2～3滴，加入鹽1～2大匙，沸騰後加入義大利麵。

手握著麵在鍋子上方轉動，然後快速鬆開手。煮到標準時間的前1分鐘關火。

麵心

有嚼勁

加水
沖水

②時間到了以後取一根試吃，煮到外面變軟只有心有點硬就可以了。之後靠餘熱煮熟，然後從鍋裡撈出，拌上醬汁。

動手做做看

·明太子義大利麵

●材料＜2人份＞
義大利麵……200公克
明太子………2片
荷蘭芹、海苔、細蔥等

①烹調明太子醬汁。
　將明太子擠出，用一點橄欖油鬆開。

②煮義大利麵。

用煮麵的湯調整醬汁的濃稠度。

③煮好的麵與明太子醬汁拌在一起，依個人喜好加入荷蘭芹、海苔、細蔥等。

·小魚和高麗菜的義式辣椒麵

●材料＜2人份＞
義大利麵　200公克
小魚乾…………50公克
高麗菜…………1/4顆
大蒜……………2～3瓣
鯷魚（鹹魚）…5～6條
辣椒……………適量
橄欖油、鹽、胡椒
　　　…………適量

①高麗菜切成小片洗乾淨。
　大蒜、鯷魚切碎，小魚乾洗乾淨。
②平底鍋裡倒入橄欖油，小火炒大蒜、辣椒、鯷魚。
③香味出來以後加入小魚乾與高麗菜，
　用中火炒，但大蒜不能炒焦。
④加入煮好的義大利麵，用鹽與胡椒調味，
　最後澆一點橄欖油。

麵包 | ———種類與烹調要訣

原料和麵條一樣的麵包，是從西方傳進來的食品。一樣使用麵粉做的麵包種類繁多，有些製作過程非常繁複，但也有簡單製作的麵包。

| **種類與特徵** | 製作麵包的基本材料是麵粉加酵母粉 |

種類大致分為二種，一種是法國麵包類，皮硬略鹹。另一種是加了牛奶與糖，口感鬆軟的麵包。

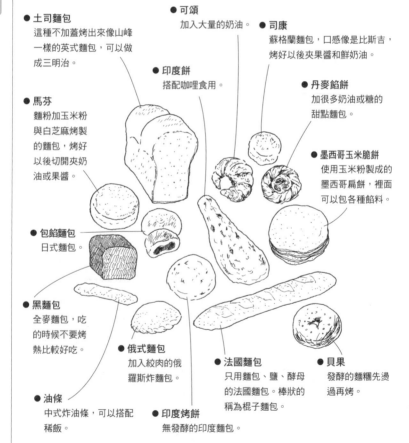

● 可頌
加入大量的奶油。

● 司康
蘇格蘭麵包，口感像是比斯吉，烤好以後夾果醬和鮮奶油。

● 土司麵包
這種不加蓋烤出來像山峰一樣的英式麵包，可以做成三明治。

● 印度餅
搭配咖哩食用。

● 丹麥餡餅
加很多奶油或糖的甜點麵包。

● 馬芬
麵粉加玉米粉與白芝麻烤製的麵包，烤好以後切開夾奶油或果醬。

● 墨西哥玉米脆餅
使用玉米粉製成的墨西哥扁餅，裡面可以包各種餡料。

● 包餡麵包
日式麵包。

● 黑麵包
全麥麵包，吃的時候不要烤熱比較好吃。

● 俄式麵包
加入絞肉的俄羅斯炸麵包。

● 法國麵包
只用麵包、鹽、酵母的法國麵包。棒狀的稱為棍子麵包。

● 貝果
發酵的麵糰先燙過再烤。

● 油條
中式炸油條，可以搭配稀飯。

● 印度烤餅
無發酵的印度麵包。

什麼是酵母？

酵母可以把麵粉中的糖分消耗掉，分解出酒精與二氧化碳，二氧化碳讓麵包膨脹。使用天然酵母製成的麵包，風味絕佳。

生酵母
保存期約20天。

乾酵母
可以長期保存。

營養

主要是糖分與蛋白質，氨基酸類的離氨基酸較少。和肉或魚、蔬菜一起食用可以補充營養。

保存

「麵包放進冰箱會傷風！」
意思是說溫度愈低麵包愈容易老化，但是零度左右到達老化極限，所以不要冷藏，直接放進冷凍室。

土司麵包
用保鮮膜或塑膠袋隔絕空氣，放進冰箱冷凍。

法國麵包
稍微變硬之後切成適當大小放進冷凍室。要吃時噴一點水再烤熱。

美味的要訣

剛烤好最好吃，但是土司是隔天的比較好吃。

● 厚片土司的烤法

麵包皮切開後再烤，這樣才能把麵包皮烤軟比較好吃。

● 切土司麵包的技巧

麵包先放一會兒，從底部倒過來切。

用熱過的刀子切。

● 為什麼三明治要塗奶油？

可以防止配料的水分被麵包吸收。塗滿奶油之後，用奶油刀刮平。要先塗奶油再塗芥末。美奶滋沒有防水的作用，不要用來替代奶油。

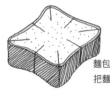

● 麵包吃剩時

變硬以後用刮刀刮下麵包屑當成麵包粉用。
麵包皮油炸後灑上糖或鹽即可當成點心食用。中間的部分切碎後可加在漢堡肉裡。

麵包 II ——輕鬆的烹調法

● 增進食慾的大蒜麵包

① 法國麵刀切成4~5
　公分大小，橫切成
　一半。

② 大蒜切半，將缺口那面塗在麵包
　上，再塗滿橄欖油。
　（在橄欖油上灑大蒜粉或乾燥的
　　荷蘭芹，也可以用塗的）

③ 放入烤箱，烤到有
　點焦即可食用。

● 材料

法國麵包　橄欖油
大蒜奶油或大蒜加芹菜
或是乾燥的荷蘭芹

可依喜好選擇灑上
切碎的荷蘭芹。

● 硬一點比較好吃的法式土司

● 材料＜1人份＞
土司… 1片
蛋…… 2個
牛奶… 1杯
糖…… 2大匙（依喜好）
奶油… 1大匙
可以加一點香草精

① 加入材料充分調和。

糖 2大匙

② 把土司浸在①裡面。

蛋2個

牛奶1杯

香草精數滴

③ 平底鍋抹一層奶油
　烤到麵包雙面金黃
　即可。

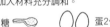

依喜好加入杏仁、
糖或楓糖。

動手做做看

·手工麵包（鬆餅）

① 加入材料充分調和。

高筋麵粉
300克

溫水
150cc

鹽
1小匙

糖
1大匙

② 蓋上保鮮膜放1小時。

③ 取一小塊，擀麵棍沾
　麵粉後擀平。

④ 放進冷的平底鍋，雙面燒烤。

加火腿或起士等
喜歡的食材，捲
起食用。

食材

穀類

雜糧————洗與煮的方法

可以食用的穀類不只是米或小麥，還有像是可以做窩窩頭之類的雜糧，都是有益身體健康的食物。

什麼是雜糧？

除了小麥、大麥及稻穀以外的穀類。例如粟米、小米、稷、蕎麥、玉米、黑麥等，都是維生素及鐵質含量豐富的穀類作物。

粟米
是狗尾草屬的植物。
有糯米種與粳米種。
丸子、甜點、年糕、粥等

稗
比粟米顆粒小。
可以和米混在一起做成粥。

稷
和粟米同類，分成糯米與粳米種。
可以和米一起炊煮。丸子、甜點

煮法

水 1.5杯　　雜糧1杯

鹽 1小匙

①水沸騰後加入鹽與洗好的雜糧。
②邊煮邊攪拌，讓水分進入食材中。
③水分減少到可見底的程度，表面抹平蓋上鍋蓋。
④用最小的火炊煮15～20分鐘，關火後燜10分鐘，然後鏟鬆。

洗法

①沖洗數次到水變清為止。

②篩子上鋪一層過濾布，將洗過的雜糧瀝乾。

動手做做看

・稷米丸子

①稷米煮熟後，趁熱搗碎做成丸子。

②大豆粉與鹽、糖混合後，用丸子沾粉食用。

●材料
稷米（糯米種）…1杯
大豆粉…1/2杯
糖………2大匙
鹽………少許

這就是桃太郎故事裡的糯米丸子。

粉———種類與使用方法

烹飪中使用的粉乍看之下都一樣，但其實用途並不相同。這裡就告訴你如何選擇適當的粉來做料理。

食
材

穀
類

米粉類（稻米做的粉）

· **新粉**…將粳米磨成粉。丸子、米粉

· **上新粉**…新粉精製成上新粉。丸子、米苔目

· **白玉粉**…糯米製成粉，有黏性。丸子、日式點心

· **道明寺粉**…將蒸過的糯米乾燥磨碎。日式點心、天婦羅麵衣

> 選擇顆粒均勻且具有黏性者較佳

麵粉類（小麥做的粉）

· **低筋麵粉**…軟質小麥。較不黏。西式點心、天婦羅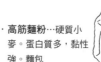

· **中筋麵粉**…軟硬適中的小麥。

· **高筋麵粉**…硬質小麥。蛋白質多，黏性強。麵包

· **天婦羅粉**…低筋麵粉加玉米澱粉或烘焙粉製成的。

> 紙袋會透氣，不要放進塑膠袋中

其他粉類

· **玉粉澱粉**（參閱P.66）
勾芡、點心

· **烘焙粉**（發粉）
以碳酸蘇打及酸為主成分的膨鬆劑。麵包

· **太白粉**（參閱p.66）
烹調時用來勾芡、濃湯、油炸麵衣

· **麵包粉**
把麵包磨成粉。油炸麵衣
生麵包粉…放置2～3天變硬的麵包用刮刀刮下的粉。

動手做做看

· **紅豆湯圓**

①白玉粉加水（一點一點慢慢地加），充分攪拌至黏稠狀。

②用手搓成丸子狀，放進沸騰的水裡煮至浮起，用水冷卻。

③加上紅豆即完成。

● 材料
罐裝紅豆…1罐
白玉粉（糯米粉）
…100公克
水…90cc

搭配水果罐頭或大紅豆更好吃。

食材入門
肉　類

說到「吃什麼才好？」許多人會先想到肉類。含有大量良質蛋白質的肉類，確實是餐桌上不可或缺的營養食品。但是，光吃肉對身體健康並不好，所以肉類食品還要搭配其他食材，才能讓美味與健康加分。

豬肉 | ——選購方法與烹調要訣

統稱為豬肉，但是依照部位的不同，肉品種類繁多，選購時必須依照烹調的方式選擇適合的部位，並分辨肉品是否新鮮。

食 材

肉 類

選擇適合烹調的肉品

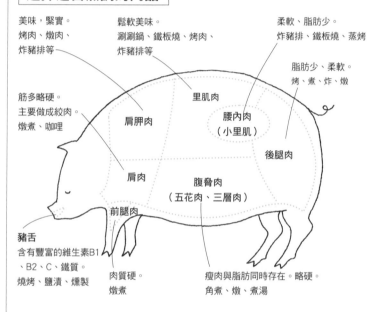

美味，緊實。
烤肉、燉肉、
炸豬排等

鬆軟美味。
涮涮鍋、鐵板燒、烤肉、
炸豬排等

柔軟、脂肪少。
炸豬排、鐵板燒、蒸烤

脂肪少、柔軟。
烤、煮、炸、燉

里肌肉

腰內肉
（小里肌）

筋多略硬。
主要做成絞肉。
燉煮、咖哩

肩胛肉

後腿肉

肩肉

腹脅肉
（五花肉、三層肉）

前腿肉

豬舌
含有豐富的維生素B1
、B2、C、鐵質。
燒烤、鹽漬、燻製

肉質硬。
燉煮

瘦肉與脂肪同時存在。略硬。
角煮、燉、煮湯

如何分辨品質

是否新鮮的判斷是彈性及光澤

○脂肪是白色、肉是粉紅色。
○肉充滿光澤與緊實。
（新鮮的肉）
○脂肪與肉都不夠緊實。
○變色或是出血。
（不新鮮）

營養

豬肉含有豐富的良質蛋白質與維生素，尤其維生素B1是牛肉的10倍。

● 無菌豬 ●

無特定病原菌的肉品，所以飼養時不使用抗生素或抗菌劑。通稱「無菌豬」。

特徵與烹調要訣

- 經過品種改良之後，肥肉較少，口感更清爽。
- 絞肉愈攪拌愈香。
- 使用大蒜與蔥烹調可以提高維生素B1的吸收率。
- 可能有寄生蟲，所以不宜生食。
- 注意切生肉的砧板，用後立即清洗。切肉和切菜的砧板要分開。

● 防止半生不熟！ 火烤的基準與要訣

燒烤時…顏色變白，較厚的肉產生透明的肉汁。
開始時用大火烤表面，封住肉的美味之後
再以中火一邊調整火候一邊燒烤。

燉煮時…筷子插下去會滲出
透明肉汁，溫度太
高會讓肉變硬，用
中火慢慢加熱。

● 防止肉縮起來的要訣

脂肪與瘦肉之間用刀劃開。

● 提升美味的小技巧

木瓜和鳳梨中含有蛋
白質分解酵素，將肉
放在這類水果上面大
約半天的時間，肉會
變軟。

● 減少膽固醇的要訣

- 切掉肥肉的部分。
- 煮好的湯放冷之後，撈去
  上面的脂肪層。
- 烤肉時，去除浮出來的油
  脂。

保存 ● 保存天數的基準

肉塊	厚切肉片、角切肉	薄切肉	絞肉
3～4天	2～3天	1～2天	當天使用

● 肉品變質的基準

接觸空氣的表面
水　分
脂　肪
變質的程度

少 —— 多

羊 ➡ 牛 ➡ 豬 ➡ 雞

● 重點 ●

- 去除多餘水分
  用紙巾等包住，密封
  冷藏。（5度以下）

豬肉II──輕鬆的烹調法

● 醬燒肉

● 材料
豬腿肉塊……約500公克
醬油…………可以淹過豬肉
白煮蛋………2～3個（要吃的量）

①將肉放進小鍋裡，倒入醬油。
②用鋁箔紙蓋住。開始時用中火，沸騰後轉小火燉煮30分鐘。
③竹籤插進肉，肉汁透明表示完成。切成適當厚度即可食用。

● 順便一起煮好的醬燒蛋

把煮熟剝殼的白煮蛋放入剩下的醬汁中，小火煮約10分鐘即完成醬燒蛋。

把煮過的醬汁倒進瓶子裡放在冰箱冷藏保存，炒菜時可以使用。

肉用繩子捆綁，
煮的時候不會煮散。

● 喜歡辣味的人可以試試泡菜豬肉

● 材料＜4人份＞
五花肉的薄片…200～300公克
白菜泡菜………適量
（可用市售已經切好的泡菜）
麻油（白麻油）

①豬肉切成適當大小，中火炒到變成白色。
②加入白菜泡菜拌炒，用泡菜汁調整辣味。
③從鍋子邊緣倒入麻油，全部混炒，炒好之後再用白麻油淋一下即可。

● 豬肉料理的基本菜　生薑燒肉

①將肉浸在醃漬佐料中約10分鐘。
②炒菜鍋預熱，倒入沙拉油燒熱，中火燒肉，
　肉翻面，燒烤到肉熟即完成。

●材料
薄片豬肉…每人份100公克
醃漬佐料　醬油………3小匙
　　　　　酒…………3小匙
　　　　　糖…………1小匙
　　　　　醃生薑……1小匙
　　　　　太白粉……1小匙
　　　　　大蒜………少許
沙拉油…少許

● 高麗菜豬肉

①高麗菜剝葉洗乾淨，切成絲。
②鍋子洗過直接將高麗菜鋪在鍋底，上面鋪豬肉
　片，再鋪一層高麗菜，再鋪一層豬肉片。
③加入雞晶粉、鹽、胡椒。高麗菜水分變少時，
　加1大匙水，蓋鍋蓋小火煮。
④高麗菜變軟，豬肉變白即完成。
⑤將肉與高麗菜一起沾醬食用。

●材料＜4人份＞
薄片豬肉……300公克
高麗菜………中1個
雞晶粉………1大匙
鹽……………少許
胡椒…………少許
沾醬（辣醬油或芝麻沾醬）

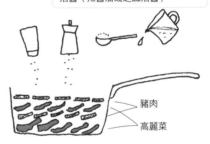

豬肉
高麗菜

● 隨時都可以食用的冷涮鍋

●材料
豬肉（涮涮鍋肉片）…每人份100公克
蘿蔔泥、蔥等…………適量
水果醋（或芝麻沾醬）
冰水

①鍋中加水煮沸。
②肉一片片放進鍋裡涮熟，然後拿出來浸
　一下冰水。
③瀝乾水的肉，裝在盤裡，再搭配蘿蔔泥
　與蔥末，沾水果醋食用，也可以沾芝麻
　醬食用。

雞肉 | —— 選購方法與烹調要訣

雞肉是全世界最普及的食用家禽，雖然便宜且熱量低，但是很容易變質，選購時要特別注意。

搭配烹調菜色選擇雞肉的部位

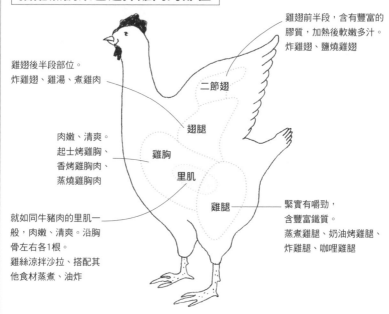

雞翅前半段，含有豐富的膠質，加熱後軟嫩多汁。
炸雞翅、鹽燒雞翅

雞翅後半段部位。
炸雞翅、雞湯、煮雞肉

二節翅

翅腿

肉嫩、清爽。
起士烤雞胸、
香烤雞胸肉、
蒸燒雞胸肉

雞胸

里肌

雞腿

緊實有嚼勁，
含豐富鐵質。
蒸煮雞腿、奶油烤雞腿、
炸雞腿、咖哩雞腿

就如同牛豬肉的里肌一般，肉嫩、清爽。沿胸骨左右各1根。
雞絲涼拌沙拉、搭配其他食材蒸煮、油炸

如何分辨品質

鮮度的判斷方法
○肉是淡粉紅色。
○腿肉是紅色、有光澤。
○有彈性、皮肉緊緊黏在一起。
○皮是透明的。
○白色，切口乾燥。
○包裝袋有肉汁滲出。

營養

蛋白質豐富、熱量低。

保存

一定要放進冰箱保存。
容易變質，儘早食用。

特徵與烹調要訣

· 雞肉容易消化，不會造成胃的負擔，
　所以適合病人食用。
· 肉雞（飼養期短暫的改良品種）的
　蛋白質含量較少，脂肪是土雞的3倍
　以上。料理時將皮裡面的黃色脂肪
　去除比較好吃。
· 容易變質，儘早烹調食用。

●去除脂肪

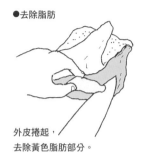

外皮捲起，
去除黃色脂肪部分。

煮熟的標準

皮先燙煮，翻面，煮到中間變白即可。

提升美味的處理方法

● 防止雞肉縮起來的要訣

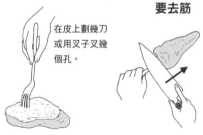

在皮上劃幾刀
或用叉子叉幾
個孔。

● 雞肋條肉
　要去筋

● 雞翅做成的棒棒腿

先從關節處切下。

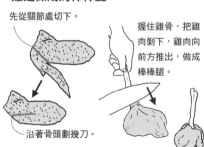

握住雞骨，把雞
肉剝下，雞肉向
前方推出，做成
棒棒腿。

沿著骨頭劃幾刀。

● 消除腥味 ●

· 沾酒或檸檬

酒　　　檸檬

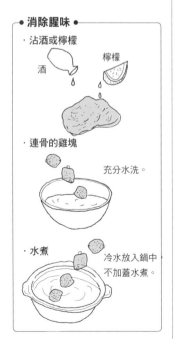

· 連骨的雞塊

充分水洗。

· 水煮

冷水放入鍋中
不加蓋水煮。

雞肉 II ——輕鬆的烹調法

● 有益健康的　雞肉丸子鍋

① 製作雞肉丸子。

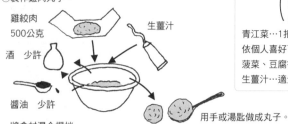

雞絞肉
500公克

生薑汁

酒　少許

醬油　少許

將食材混合攪拌
至黏在一起。

用手或湯匙做成丸子。

●材料＜4人份＞

雞肉丸子 ｛ 雞絞肉…500公克
　　　　　 酒、醬油…少許
　　　　　 生薑汁…適量

青江菜…1把　雞湯罐頭…1罐
依個人喜好可以加入白菜、
菠菜、豆腐等
生薑汁…適量

② 大鍋中加水及清雞湯煮沸，
　 沸騰後放入雞肉丸子。

③ 丸子浮起後，放入切好
　 的青江菜。

④ 製作沾醬。
　 醬油與辣椒加入美奶
　 滋中混合攪拌。

用湯匙舀取食物，
沾醬食用。

● 美味爽口　酒蒸雞肋條

① 雞肋條去除白色的筋，排在盤子裡。
② 從上面淋酒。
③ 用保鮮膜蓋住，微波加熱5分鐘左右。
④ 翻面，加熱到中間變白。
⑤ 冷卻後用手剝絲。
⑥ 沾芥末或梅子醋食用。

●材料

雞肋條…4～5條
酒…1～2大匙

搭配小黃瓜切絲或生菜一起裝盤，更顯得
美味可口。做好的雞絲可以做為湯料或搭
配炒菜用。

食
材

肉
類

● 元氣料理　蒜味炸雞翅

①蒜切碎加入醬油中，做成沾醬。
②雞翅水洗乾淨後用紙巾將水分吸乾。
③倒入熱油中油炸。
④炸好的雞翅放進沾醬中，等到味道
　吸入雞肉裡就完成了。

剩下的沾醬可以用來炒菜。

● 營養十足的　雞肉大鍋菜

①雞肉洗淨後切塊。
②鍋底鋪昆布，放入雞肉，加水淹過雞肉。
　（要放蘿蔔或胡蘿蔔等根莖類蔬菜時，
　　這時一起放入）
③煮好後取出昆布，以小火燉煮，一面
　去除湯渣與脂肪。
　（煮久一點，約煮40～50分鐘，雞肉
　熟透，骨肉較易分離）
④加入蔬菜或豆腐，上桌後沾水果醋食用。

●材料＜4人份＞

帶骨雞肉塊……500公克
白菜、春菊、蔥、香菇、豆腐、
涼粉…………適量
昆布…………約10公分寬1片
水果醋……… 檸檬或是柚子汁＋
　　　　　　　醋4：醬油6＋蘿蔔泥

● 慢火燉煮的　番茄雞肉鍋

●材料＜4人份＞

雞腿肉…………… 500公克
番茄罐頭………………1罐
番茄汁罐頭………………1罐
洋蔥…………………………1個
香菇罐頭………………1罐
月桂葉…………………1片
雞晶粉、鹽、胡椒…… 少許

①肉洗乾淨，切塊。洋蔥切成條狀。
②材料全部放進鍋中，加水（或白酒）淹過
　食材。
③先中火，煮沸後再轉小火燉煮40分鐘到
　1小時即可上桌。

牛肉 1 ── 選購方法與烹調要訣

過去農業社會時代，牛為人們耕田，因此不吃牛肉。但對現代人而言，牛肉已經成為美食的最高享受。這裡就告訴大家如何選購牛肉。

依照烹調方式選擇不同部位的牛肉

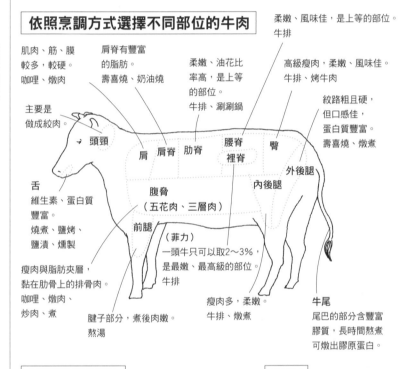

肌肉、筋、膜較多，較硬。
咖哩、燉肉

肩脊有豐富的脂肪。
壽喜燒、奶油燒

柔嫩、油花比率高，是上等的部位。
牛排、涮涮鍋

柔嫩、風味佳，是上等的部位。
牛排

高級瘦肉，柔嫩、風味佳。
牛排、烤牛肉

紋路粗且硬，但口感佳，蛋白質豐富。
壽喜燒、燉煮

主要是做成絞肉。

舌
維生素、蛋白質豐富。
燒煮、鹽烤、鹽漬、燻製

頭頸　肩　肩脊　肋脊　腰脊　裡脊　臀　外後腿　內後腿

腹骨（五花肉、三層肉）

前腿

（菲力）
一頭牛只可以取2～3%，是最嫩、最高級的部位。
牛排

瘦肉與脂肪夾層，黏在肋骨上的排骨肉。
咖哩、燉肉、炒肉、煮

腱子部分，煮後肉嫩。
熬湯

瘦肉多，柔嫩。
牛排、燉煮

牛尾
尾巴的部分含豐富膠質，長時間熬煮可燉出膠原蛋白。

如何分辨品質

○脂肪是乳白色，肉是鮮紅色。
○細緻有彈性。
○和牛（黑毛和牛等）柔嫩美味。
○肉用乳牛則以瘦肉居多，肉呈現淡白色，適合烤牛排。
╳肉黑，表面乾燥的多半不是新肉。

保存

用紙巾包起來以達到吸收水分的目的，用保鮮膜包覆以隔絕空氣，於5度以下冷藏。

絞肉　　　1～2天
薄切肉片　2～3天
肉塊　　　3～7天

長期保存請放到冷凍室。
儘量於1個月之內食用完畢。

特徵與烹調要訣

· 營養價值隨部位與種類而異，牛肉是良質蛋白質的來源。

· 基本上半生熟即可食用。

（因為是草食性動物，沒有寄生蟲）

絕對不可以烤太熟。

· 因為是酸性食物，要搭配肉量一倍以上的蔬菜食用。

· 脂肪多是不飽和脂肪酸。（以涮涮鍋的方式烹調可去除不飽和脂肪酸）

· 價格、味道不一，最好向有信譽的商家購買。

牛排熟度的基準

· 三分熟

表面烤熟，肉汁還沒出來之前的狀態。
（像臉頰的嫩度）

· 五分熟

中心保留些許紅色，翻面肉汁滲出。
（像耳垂般的嫩度）

· 全熟

中間烤熟，不滲出肉汁。
（像鼻頭般的嫩度）

提升美味的處理法

● **較硬的肉浸泡沙拉油**

浸泡2～3小時即
可變軟，加一點
醋或酒更棒。

● **絞肉的處理要訣是充分揉捏**

充分揉捏之後，肉的
蛋白質（肌動蛋白與
肌原蛋白）結合，黏
著力增加，加熱後仍
具有彈性。

● **加熱的重點**

· 硬肉　長時間

牛鍵

前肩肉

· 軟肉　短時間

菲力

肋脊

腿肉

● **灑鹽之後要在
30分鐘之內烹調**

避免美味流失。

裝進塑膠袋裡捏
才不會弄髒手。

165

牛肉 II────輕鬆的烹調法

●老少咸宜的漢堡排

①洋蔥切碎用沙拉油炒成透明狀，放冷。

②碗裡加入麵包粉及牛奶攪拌，加蛋和麵包粉和在一起。

③絞肉加鹽、胡椒，也可依個人喜好加入肉豆蔻，加入放冷的洋蔥炒成黏稠狀。

●材料＜4人份＞
牛絞肉（五花絞肉）…400～500公克
洋蔥（切碎）…1個
麵包粉…約半盤
牛奶（可溶解麵包粉的量）
蛋…1個
鹽、胡椒、依個人喜好肉　豆蔻…少許
沙拉油、番茄醬、醬汁…適量

④把③沾上②然後柔勻，做成球狀。

⑤用雙手拍平，將空氣拍出，中間捏凹。

⑥用平底鍋煎，先大火煎一面，再翻面，轉小火慢煮至中間的肉熟。用鍋鏟壓平，肉汁呈透明狀即完成。

⑦利用鍋中剩下的肉汁做醬汁。加入番茄醬開火煮開，淋在漢堡肉上。

・使用生鮮洋蔥的要訣是切碎使用。

・肉豆蔻有獨特香味，可以消除肉腥味。

＜各種漢堡醬汁＞

・日式醬汁

 ＋ ＋
蘿蔔泥　　青蔥　　水果醋

・醬油醬汁

醬油　　美奶滋　　少許黃芥末

・芝麻醬汁

白味噌　白芝麻　糖　　肉汁

＊醬汁以每人份1大匙為宜，隨個人喜好增減。

● 用微波爐燒烤牛肉

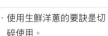

●材料＜1人份＞
薄片牛肉…2～3片
高麗菜、萵苣、小辣椒等
配料的蔬菜
烤肉醬

①蔬菜洗乾淨，葉子切碎。小辣椒要塞蔬菜，所以先切開口。

②肉切塊裝進塑膠袋裡，加烤肉醬汁，用手搓揉。

③肉在盤裡推開，不用保鮮膜微波2分鐘，之後依個人喜好再加熱。

④高麗菜與辣椒淋上烤肉醬微波加熱。變軟後與烤肉一起裝盤，萵苣可以生食。

● 香煎牛排

裝盤，淋肉汁，依個人喜好
加奶油。

① 肉去筋以保持烹調後的美觀。烹調之前再灑鹽與胡椒。
② 平底鍋加熱，倒入沙拉油，大火煎兩面。
③ 火轉小，蓋上蓋子，煮的時間隨個人喜好，翻面數次。
④ 最後從鍋緣倒入醬油，再用大火煮出香味即可關火。

● 材料
牛肉（牛排用）
………… 依人數決定
鹽、胡椒… 少許
醬油……… 每人份1大匙
配料的蔬菜 適量
油或奶油… 適量

 肉在要煮前30分鐘
再從冷凍室拿出，
在室溫下解凍。

● 簡單又美味的燉肉

● 材料＜4人份＞
薄片牛肉（豬肉也可以）
………………200公克
馬鈴薯…………4個
洋蔥……………2個
麻油（沙拉油）2大匙
酒（味淋）……2大匙
糖………………2大匙
醬汁……………1杯

① 馬鈴薯洗淨，溼的狀態下用保鮮膜包起來，微波加熱10分鐘。剝皮切成4等分。
② 鍋裡倒油，洋蔥切絲炒成透明狀。
③ 肉切塊，下鍋快炒。
④ 加入馬鈴薯。
⑤ 加糖、酒、醬汁煮到入味。

● 牛肉捲馬鈴薯

① 牛肉片包住馬鈴薯條。
② 接縫處朝下，放進平底鍋裡。
③ 加入糖、酒、醬油煮開後加水，小火煮到收汁。
④ 依個人喜好加七味粉。

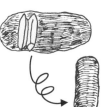

● 材料＜4人份＞
牛肉薄片………200公克
冷凍炸薯條……1包
糖………………2大匙
醬油……………2大匙
酒（味淋）……2大匙
沙拉油、七味…適量

加工肉品——火腿、香腸、培根

只要稍加處理即可美味上桌，加工肉品是非常方便的食材，懂得各種加工肉品的特色，就能烹煮出美味的食物。

種類與特徵

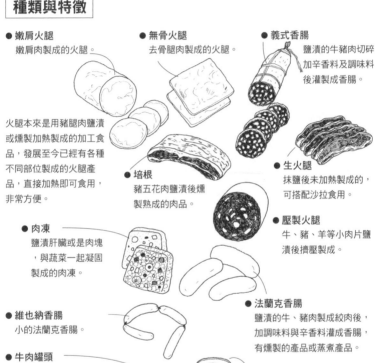

● 嫩肩火腿
嫩肩肉製成的火腿。

● 無骨火腿
去骨腿肉製成的火腿。

● 義式香腸
鹽漬的牛豬肉切碎加辛香料及調味料後灌製成香腸。

火腿本來是用豬腿肉鹽漬或燻製加熱製成的加工食品，發展至今已經有各種不同部位製成的火腿產品，直接加熱即可食用，非常方便。

● 培根
豬五花肉鹽漬後燻製熟成的肉品。

● 生火腿
抹鹽後未加熱製成的，可搭配沙拉食用。

● 壓製火腿
牛、豬、羊等小肉片鹽漬後擠壓製成。

● 肉凍
鹽漬肝臟或是肉塊，與蔬菜一起凝固製成的肉凍。

● 維也納香腸
小的法蘭克香腸。

● 法蘭克香腸
鹽漬的牛、豬肉製成絞肉後，加調味料與辛香料灌製成香腸，有燻製的產品或蒸煮產品。

● 牛肉罐頭
鹽漬牛肉經過高溫高壓蒸煮處理的加工食品。

● 肝醬
將牛、豬、雞肝壓碎加調味料加工製成，可以抹在麵包或餅乾食用。

看清標示，慎選優良產品！

加工肉品乍看之下都差不多，不過食材與添加物卻各不相同，選購時要看清標示。

· 選擇添加物少的。
· 別忘了確認有效期限。

特徵與烹調的要訣

● 火腿
- 蛋白質或是維生素B1、B2含量豐富。
- 已經有鹽味及燻製的香味，使用非常方便。
- 已經有鹹味，加鹽時要注意分量。

● 香腸
- 乾香腸（乾燥型）比較耐放。
- 乾香腸的脂肪含量較多。
- 法蘭克香腸或維也納香腸炒過之後，皮會變硬。

● 培根
- 蛋白質與維生素B1含量豐富。
- 有燻製的香味。
- 使用五花肉製成，熱量較高。
- 鹽分較高。

動手做做看

· 夏威夷火腿牛排

●材料
火腿
鳳梨罐頭
胡椒

①將火腿切成1～2公分厚度，翻炒。
②加鳳梨罐頭的鳳梨片與湯汁，翻炒後裝盤。
③依喜好加胡椒。

· 煮香腸

●材料
義式香腸
依喜好加黃芥末

①鍋裡加水煮沸，香腸燙一下。
②香腸浮起即可裝盤，依喜好沾芥末食用。

· 山上小屋湯

●材料＜4人份＞
培根…200公克
洋蔥、馬鈴薯、胡蘿蔔等
什麼蔬菜都可以
依喜好加鹽、胡椒、雞晶粉

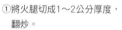

①將切好的培根與蔬菜放進鍋裡，加水煮開。
②嚐味道，依喜好加鹽、胡椒及雞晶粉。

其他肉類

除了牛、豬、雞之外，還有許多可供食用的肉類，近年來連稀有的食用肉品都可以在市場上買到。

● 羊肉
小羊肉　出生後不到1年的小羊腿肉，羶味少且肉質鮮嫩。
羊肉　　出生後1年以上，有獨特的腥羶味。運用香料消除腥羶味的烹調法：沙威馬、咖哩、燉肉

● 山豬肉
有獨特腥味，肉質佳，脂肪豐富，是肉排中最高等級。用味噌調味的牡丹味噌鍋

● 鴨
肉質鮮美、咬勁極佳。薑母鴨、燻鴨、北京烤鴨等

● 珠雞
口味清淡。烤雞、雞肉派

● 鵝
沒有鴨肉的腥羶味，肉質鮮嫩。鹽水鵝、茶鵝

● 火雞
口味清淡，沒有腥羶味。感恩節的火雞大餐

● 牛蛙
也就是田雞，肉質近似雞肉。油炸、炒

● 兔子
味道近似雞肉，出生約3～4個月的兔子脂肪豐富，肉質鮮嫩。蔥燒或薑燒、烤、炒

● 馬肉
有甜味，新鮮馬肉可以做成生魚片。肉排、壽喜鍋（櫻花鍋）

食材入門
魚貝類

台灣四面環海，魚貝類種類豐富，有海水魚、淡水魚、蝦、蟹、烏賊、章魚、貝類等。魚貝類是蛋白質主要的來源，雖然受限於自然環境，漁獲量逐年減少，但是魚貝類仍是餐桌上不可或缺的要角。

魚肉的基本——選購方法與處理方法

魚肉講究的是「一鮮、二處理」，魚肉烹調首重嚴選新鮮的食材。可以到住家附近的魚店或是水族館觀察魚的生態。

如何辨別新鮮度

○按下去肉質有彈性，色澤鮮豔。

○沒有令人做嘔的腥味。

○魚肉切片時，切口有光澤，沒有浮脹感的是新鮮的魚片。

● 眼睛 「魚肉是否新鮮看眼睛就知道了」
　　 ✗白色的眼珠混濁或混有紅色。
　　 ○清澈的藍白色。

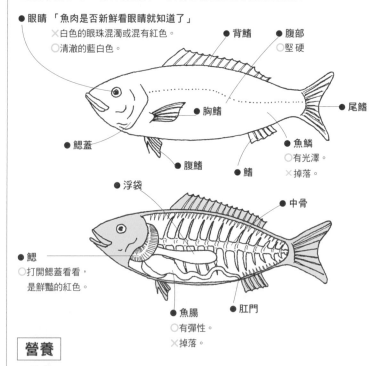

● 背鰭
● 腹部
　○堅硬
● 尾鰭
● 胸鰭
● 鰓蓋
● 腹鰭
● 鰭
● 魚鱗
　○有光澤。
　✗掉落。
● 浮袋
● 中骨
● 鰓
　○打開鰓蓋看看，
　是鮮豔的紅色。
● 魚腸
　○有彈性。
　✗掉落。
● 肛門

營養

魚類含有豐富的良質蛋白質，也含有大量能降低膽固醇及血壓的牛磺酸，有助於回復肝功能。

青魚中含有豐富的DHA（二十二碳六烯酸）或是EPA（二十碳五烯酸），具有降低動脈硬化、保護及強化血管的功能。

烹調的重點

買回來之後要馬上清理！

·不要弄得黏答答的，抓住頭或眼睛下方。

·砧板要用水沖過，擦拭之後再使用。
  使用乾的砧板，魚腥味會留在砧板上。

·使用鋒利的刀子。

處理方法 全部用水洗乾淨，取出鱗、鰓、腸等。

① 去除魚鱗。
用菜刀的刀刃從頭到尾刮除。

② 取出魚腸。
刀刃從肛門口插入，切開魚腹，取出魚鰓與魚腸。

③ 清洗。
以鹽水仔細清洗魚腹，再拿紙巾擦乾。

大的魚可以用刮鱗器刮魚鱗。

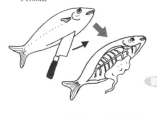

用紙巾和保鮮膜包起來放進冷藏室。

要訣 中骨的血水要清洗乾淨。

魚的切割方法

● 切成3片

① 從頭與魚身交界處切掉頭部，沿著腹鰭插入刀刃，刀刃頂住中骨上面，向尾部切下。

④ 從背部的頭開始，菜刀切入有骨的魚身，依同樣的方式切下魚肉。

② 對著尾部轉變方向，背側沿著鰭一樣切下。

③ 魚尾的根部抬高，切開魚身。

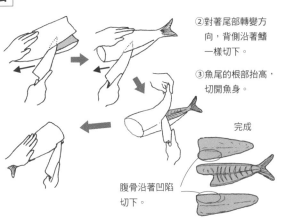

完成

腹骨沿著凹陷切下。

竹莢魚───選購方法與烹調要訣、輕鬆的烹調法

一般說的「鰺」，主要是指竹莢魚。不但美味可口、腥味較少，而且營養豐富。

食材

魚貝類

種類與選購方法

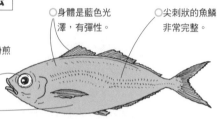

○身體是藍色光澤，有彈性。

○尖刺狀的魚鱗非常完整。

● 竹莢魚（真鰺）

鹽烤、生魚片、煮、裹粉煎

×眼睛周圍是紅色的。

×身體呈現灰色。

● 小竹莢魚

真鰺最小的品種，可以整隻油炸食用或是用香料醃漬食用。

● 縱帶

特徵是側面有黃色的帶狀，可以做成生魚片。

● 圓鰺

○面積大，魚身厚實。

因為新鮮度不易保持且魚身易碎，所以適合做成魚乾或罐頭食品。

處理的方法

①先去魚鱗。

刀從尾部切入，前後移動切下。

②去鰓。

拉出鰓部取出。

③取出魚腸。

從胸鰭下方約5公分處下刀，向下切開腹部，取出魚腸，用鹽水清洗。

營養

除了含有豐富的蛋白質、脂肪、維生素B1、B2之外，還有豐富的DHA及EPA（參閱P.172）。

輕鬆的烹調法

●材料

竹莢魚（生食用）… 小尾2～3尾

洋蔥…………………… 1/2個

市售的法式醬料…… 適量

● 簡單的醃漬魚

①三尾小竹莢魚灑上鹽後放置約10分鐘。

②用醋水清洗後，從頭部向尾部剝皮。

③切成適當大小。

④洋蔥切絲，與竹莢魚一起以法式醬料醃漬。

● 基本菜色　鹽烤竹莢魚

①經過處理的竹莢魚用鹽水洗過，再用篩子瀝乾水分。

②從距離約30公分的高處灑鹽，兩面魚身都要灑。放置約20分鐘。

③用紙巾吸水。

④烤網塗油，大火烤到網子變紅色時，將裝盤朝上的那一面先烤，等到烤出顏色之後再翻面，用中火烤熟。

●材料＜2人份＞

竹莢魚…2尾

鹽、油、醬油、蘿蔔泥…適量

⑤沾蘿蔔泥、沾醬油食用。

● 裹粉炸魚

①處理過的竹莢魚全部裹上麵粉。

②平底鍋裡倒沙拉油，把裝盤時在上面的那一面向下，將魚放入鍋中，煎好後翻面再煎。

●材料＜2人份＞

竹莢魚…… 小魚2尾

洋蔥……… 1/2個

青椒……… 1～2個

大蒜……… 1～2瓣

麵粉……… 適量

沙拉油…… 2大匙

番茄醬…… 1～2大匙

③竹莢魚裝盤，洋蔥切絲和青椒、大蒜炒過之後，加番茄醬。

④蔬菜略炒之後，蓋在竹莢魚上面。

● 避免麵衣剝落的要訣 ●

‧沾麵衣之前先用紙巾將魚身的水吸乾。

‧抖落多餘的麵粉。

‧沾粉之後馬上下鍋。

‧開始用大火，表面固定之後再轉中火。

沙丁魚——選購方法與烹調要訣、輕鬆的烹調法

營養豐富的沙丁魚一直深受大家的歡迎。烹煮沙丁魚首重的就是魚的新鮮度。

種類與選購方法

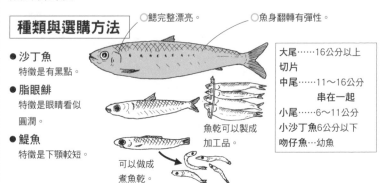

○鰓完整漂亮。　　○魚身翻轉有彈性。

- **沙丁魚**
  特徵是有黑點。
- **脂眼鯡**
  特徵是眼睛看似圓潤。
- **鯤魚**
  特徵是下顎較短。

可以做成煮魚乾。

魚乾可以製成加工品。

大尾……16公分以上
切片
中尾……11～16公分
　　　　串在一起
小尾……6～11公分
小沙丁魚6公分以下
吻仔魚…幼魚

營養

牛磺酸等氨基酸、鈣、EPA（參閱P.172）含量豐富，低卡洛里，是健康食品，有助於預防文明病。

處理的方法

● 用手剝開魚身

①刮鱗之後，刀從胸鰭下方切入，切下魚頭，取出魚腸，洗乾淨。
②姆指伸入魚腹，插到魚尾。
③雙手姆指插入中骨上方，剝下魚身。
④剝下中骨，在魚尾折下魚骨（姆指插入魚身與魚皮之間，剝皮）。

煮魚的處理法

● 中空抽出處理法

①刮鱗之後，菜刀從魚頭與魚身交界處深深插入。

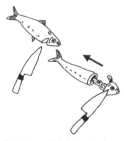

②按住頭，拉出魚身，取出魚腸與魚頭，洗乾淨魚身後切成圓筒狀。

食材

魚貝類

輕鬆的烹調法

● 沙丁魚義大利麵

①經過剝開處理的魚身，剝皮後切成適當大小。大蒜切碎，高麗菜切成適當大小。

②大蒜與辣椒用橄欖油炒過，香味出來以後加入沙丁魚。

●材料＜4人份＞

義大利麵	400公克
沙丁魚	2～3尾
高麗菜	小1/2個
大蒜	1瓣
辣椒	1根
橄欖油	適量
鹽、胡椒	少許

③沙丁魚變白色，加入高麗菜，炒熟。

④燙義大利麵。（參閱P.149）

⑤加入③一起煮好的義大利麵，淋上一匙的橄欖油，拌勻。使用鹽與胡椒調味即完成。

● 消除腥味的梅乾煮魚

①經過剝開魚身處理的魚洗乾淨，切成3等分。

②鍋中加入沙丁魚及調味料，加水蓋過食材，和梅乾一起煮開。

③撈出湯渣，中火煮到湯汁變少。

●材料＜2人份＞

沙丁魚	2尾
梅乾	3～4個
調味料	

調味料
- 醬油 … 5大匙
- 酒 …… 2大匙
- 味淋 … 2大匙
- 糖 …… 2大匙

● 沙丁魚蒲燒蓋飯

①經過剝開魚身處理的魚，用醬汁醃漬約20分鐘。

②魚身雙面裹麵衣。

③平底鍋加油，熱鍋後魚皮向上將魚放入鍋中，煎熟。

④先把魚盛在盤中，再煮①的醬汁。將魚放回醬汁中，醬汁淋在魚身上。

1.先取出魚

3.魚放回

2.煮醬汁

●材料＜1人份＞

沙丁魚	2尾
麵粉	適量
沙拉油	少許
飯	1碗
高湯	

高湯
- 調味醬油 …… 1大匙
- 味淋 …… 1大匙
- 糖 …… 1大匙
- 薑 …… 少

⑤魚放在飯上，再淋醬汁。

鰹魚————選購方法與烹調要訣

過去交通不發達的時代，鰹魚都製成柴魚以延長保存期限。現今因為交通方便，到處都可以享用新鮮美味的鰹魚料理。

選購方法

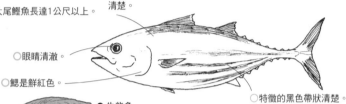

大尾鰹魚長達1公尺以上。

○魚身緊實，背部藍色清楚。

○切片是鮮艷紅色。

○眼睛清澈。

○鰓是鮮紅色。

○特徵的黑色帶狀清楚。

● 生柴魚
鰹魚蒸煮之後製成的半乾加工食品。可以做薑煮魚或醋魚。

● 下酒菜
辣鹹的內臟。

特徵與烹調要訣

- 初春的鰹魚清爽可口，秋天的鰹魚濃郁美味。
- 含有豐富維生素D與B，魚身暗黑色的魚血含豐富鐵質。
- 新鮮的鰹魚適合生食。
- 有獨特的腥味，所以大多是烘焙燻製。

動手做做看

· 鰹魚片

①準備佐料菜。
　蘿蔔…磨成泥
　淺蔥…切小段
　大蒜…切薄片
　其他…切碎

市售的鰹魚片

②佐料菜的一半放在市售的鰹魚切片上，用菜刀背敲碎入味。

③放進冰箱冷藏。

④取出冰箱的魚料，切成約1公分寬度，把剩下的佐料菜放上去，淋上醬油或水果醋食用。

●材料＜4人份＞
市售的鰹魚切片…1片
佐料菜
　蘿蔔…約5～6公分一段
　生薑……………1節
　淺蔥……………5根
　檸檬汁………1個檸檬
　大蒜……………1瓣
　綠紫蘇　……10片
　茗荷（日本薑）5個
　醬油（水果醋）適量

鮪魚———選購方法與烹調要訣

鮪魚可以說是最受到亞洲人喜愛的魚類，你知道鮪魚好吃的秘訣是什麼？現在就來介紹鮪魚的烹調方法。

選購方法

○赤身部分顏色清澈。切片有彈力。
╳沒有油脂，略帶白色，味道不佳。

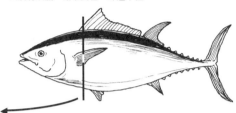

● 黑鮪魚

體長約3公尺。

鮪魚剖面圖

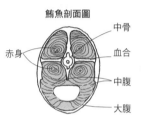

中骨
赤身
血合
中腹
大腹

● 冷凍鮪魚還原法 ●

用紙巾包裹，放進冷藏室自然解凍。

特徵與烹調要訣

・營養價值是赤身部分比較高。
・切片是以筋紋橫向平行者為最高級。
　平行→斜紋→半圓
・筋紋間隔較窄的魚片是接近魚尾的部分，
　口感較硬。

○平行

△半圓

動手做做看

・鮪魚生魚片

●材料＜2人份＞
鮪魚⋯⋯⋯200公克
蘿蔔⋯⋯⋯5公分
綠紫蘇⋯⋯5～6片
芥末泥⋯⋯少許
醬油⋯⋯⋯少許

①鮪魚垂直切成約1公分厚度，一片片挪開擺放。

②蘿蔔用磨泥器磨成泥狀，瀝乾水分，平鋪在盤中。

・鮪魚蓋飯

●材料＜2人份＞
鮪魚⋯⋯200公克
山藥⋯⋯1/4根
芥末泥⋯少許
醬油⋯⋯少許

鮪魚切成方塊，放在飯上，將山藥磨碎放上去。

沾醬油或是芥末食用。

鯖魚 ──── 選購方法與烹調要訣

鯖魚的代表包括秋天盛產的真鯖與夏天肥美的芝麻鯖魚。非常容易腐敗，尤其是內臟的部分，所以烹調鯖魚最重要的就是鮮度。

食材

魚貝類

選購方法

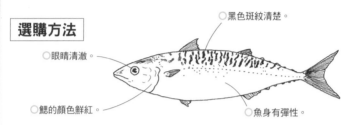

○黑色斑紋清楚。

○眼睛清澈。

○鰓的顏色鮮紅。

○魚身有彈性。

特徵與烹調要訣

・容易腐敗，內臟不要食用。
・糖醋或是香煎比生食更美味。
・有特殊腥味。
・容易引起過敏症狀。
・含有豐富的DHA、EPA（參閱P.172）、鐵、維生素B1與B2。

● 去除腥味的要訣 ●

可以去除鯖魚腥味的調味料

鹽　醋　橄欖油　味噌
（味噌醃漬、味噌醋）
辛香料　蘿蔔泥
（百里香、月桂樹）　牛奶　檸檬

動手做做看

・味噌鯖魚

①調味料拌在一起，加入生薑切片，開火煮開。

②放入切半的鯖魚，蓋上鍋蓋，中火煮5分鐘。

●材料＜2人份＞

鯖魚切片… 半尾
薑………… 1節
味噌……… 2大匙

調味料

水……… 適量
酒……… 1/2杯
糖……… 1大匙
醬油…… 1大匙

魚皮在上面，加水調整至湯汁蓋住魚肉。

③加味噌，讓湯汁蓋住魚肉，小火煮5分鐘即可食用。

● 防止燒焦的秘訣 ●

鋁箔紙對半折好，剪出缺口。

打開，鋪在鍋底。

秋刀魚—— 選購方法與烹調要訣

瘦長像把刀的秋刀魚，雖然便宜，但是十分美味，營養價值也很高，是秋天餐桌常見的佳餚。

選購方法

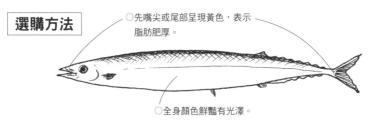

○先嘴尖或尾部呈現黃色，表示脂肪肥厚。

○全身顏色鮮豔有光澤。

特徵與烹調要訣

· 秋天是秋刀魚的盛產季節，其他季節看到的是冷凍魚。
· 新鮮的秋刀魚連魚腸都可以食用（燒烤時不必取出）。
· 含有豐富的鈣、脂質、鐵、DHA、EPA（參閱P.172）。
· 血骨含豐富的維生素B2。
· 細長的形狀，非常方便燒烤。

● 燒烤要訣 ●

· 切半燒烤。
· 烤前再切，以免美味流失。

動手做做看

· 煮秋刀魚

①秋刀魚切成圓筒狀，在水中取出魚腸，清洗乾淨。

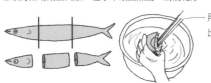

用長筷子推出魚腸。

●材料＜2人份＞
秋刀魚…2尾
薑…大量
調味料
水…………適量
醬油…………4大匙
酒、味淋……2大匙
糖…………1大匙

②調味料拌在一起，加薑絲煮開。

醬油　味淋　糖　酒

③加水煮沸，加魚。

魚
薑絲

中火煮10分鐘即可完成。

鮭魚──選購方法及烹調要訣

鮭魚從魚卵到成魚都是珍貴的食材。

選購方法

雄魚　鼻子部分彎曲的是雄魚。

雌魚

○全身銀色，脂肪豐厚。

○切片的魚要看魚皮有光澤，魚肉顏色均勻，這才是新鮮的鮭魚。

● 魚卵
飽滿有光澤。
顆粒分明的才是高級鮭魚卵。

特徵與烹調要訣

· 有卵的雌魚油脂肥厚，但是產卵後風味大減。
· 維生素A含量豐富。
· 容易有寄生蟲，除新鮮的生魚片之外，加熱再食用。
· 切片適合鹽烤、照燒、火鍋、醃漬、奶油燒烤。
· 頭的軟骨可以切成薄片做成涼拌菜。

動手做做看

· 鮭魚排

●材料＜2人份＞
生鮭魚（切片）…2片
鹽、胡椒……少許　奶油…2大匙
檸檬汁、醬油、美奶滋等…適量

鮭魚用鹽及胡椒醃漬，平底鍋加奶油煎魚，兩面都要煎。
淋上檸檬汁、醬油、美奶滋即可食用。

· 醃鮭魚

●材料＜2人份＞
鮭魚（生魚片用）…150公克
洋蔥…1/2個　檸檬…1個
醋…1大匙　橄欖油…1大匙

①鮭魚、洋蔥、檸檬切片，交互重疊。

　檸檬

　洋蔥

　鮭魚

②浸醋及橄欖油後放進冰箱，
　冰3～4天後即可食用。

切片魚—— 選購方法與烹調要訣

選購賣場賣的切片魚時，最重要的就是鮮度。

選購方法

「魚片洗乾淨！」
蓋上紙巾。

● 白帶魚
○魚皮是銀色的，無剝落。
△粗糙，看起來不好吃。
鹽烤、奶油香煎

● 紅鯛
○皮色鮮豔。
○魚身有透明感。
煮、火鍋

● 金目鯛
○魚皮紋路清晰
○魚肉緊實。
蒸、煮

● 油魚
市面上出售的都是冷凍
油魚。過度解凍會喪失
魚的美味，最好是在半解
凍狀態下烹調。油炸

● 鰤魚
○魚皮紋路有光澤、
顏色鮮豔。
○血骨是紅色的。
○肉厚。
照燒

● 鰈魚
○內皮是白色的。
○有卵。
煮

○肉厚。

● 鰆魚
○魚皮紋路清楚。
○有光澤。
味噌醃魚、照燒、
酒糟

動手做做看

· 味噌醃魚

●材料＜2人份＞
魚片（鰆魚）…2片　米味噌…60公克
酒…1大匙　味淋…1大匙　鹽…少許
紗布（或是強韌的紙巾）　保鮮膜

①魚片雙面抹鹽後放置1小時。
②味噌用酒及味淋拌開，一半放進盤子裡。
③紗布包住魚後放進盤子裡，再將剩下的味噌放進
　盤中，用保鮮膜壓一下。
④放進冰箱冷藏1天以上即可食用。

白肉魚 I ——選購方法與烹調要訣

白肉魚一般較無腥味，比較容易烹調。常見的白肉魚有鯛魚、比目魚、鱈魚等。

選購與烹調方法

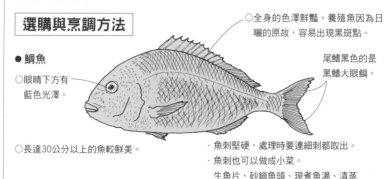

○全身的色澤鮮豔。養殖魚因為日曬的原故，容易出現黑斑點。

尾鰭黑色的是黑鰭大眼鯛。

● 鯛魚

○眼睛下方有藍色光澤。

○長達30公分以上的魚較鮮美。

· 魚刺堅硬，處理時要連細刺都取出。
· 魚刺也可以做成小菜。
生魚片、砂鍋魚頭、現煮魚湯、清蒸

● 鰈魚

○肉厚。

· 上半部較美味。
· 腥味少。
燉煮、煎

○裡面的白皮透明清澈。

● 鮃魚

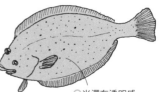

○光澤有透明感。

· 腥味少，美味可口。
· 冬天的魚更是人間美味。
· 春天的魚脂肪較少，口感較差。
生魚片

· 「左鮃魚右鰈魚」 ·

· 鰈魚和鮃魚都是比目魚，兩眼長在同一邊。當魚的眼睛在上面時，頭在左邊的是鮃魚，頭在右邊的是鰈魚。
· 眼睛較大的是鮃魚。

處理時的重點

● 側切

煎魚或煮魚時的處理，是在腹側的胸鰭下方切個小口，把魚腸拉出。

● 劃刀

用刀在魚皮表面劃乂或//線，這樣不但煎好的魚皮較美觀，也比較入味。

● 舌鮃

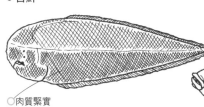

○肉質緊實
· 淡白色的魚肉非常適合做
　成醃漬魚。
　用指尖沾鹽抹在魚皮上即
　可烹調。

● 沙鮻

○整隻魚漂亮而有彈性。
×魚鱗脫落。
天婦羅、油炸、裹麵衣香煎

● 飛魚
　　最遠可飛40公尺。

○眼睛清澈。
· 燒烤後肉質緊實。
· 口味清爽。
　鹽烤、香煎

● 烹調的要訣 ●
· 深海的白肉魚含水量較多。
　搓鹽以後，魚肉較緊實。
· 魚肉是淡白色的，適合做成
　天婦羅與油炸。

● 牛尾鯙

　○魚肉是淡粉紅色的。
　○屬於切片魚中魚鱗較大者。

· 肉質鮮嫩，尤其是冬季捕獲的更是美味。
　燉煮、照燒
· 魚卵也可食用。

● 鱈魚

○切片的鱈魚透明略帶粉紅色。
　魚肉是白色的就是冷凍魚。
· 容易腐敗。
　鱈魚鍋、豆酥鱈魚

● 鮟鱇

○ 鮟鱇魚的切片呈透明的白色。
· 鮟鱇魚有七寶，肝臟、尾鰭、卵巢、
　鰓、胃、皮、肉，全部可供食用。
· 尤其是肝臟，更是極品美食。
　火鍋

白肉魚 II —— 輕鬆的烹調法

● 鯛魚砂鍋魚頭

① 魚頭用熱水汆燙之後，水洗，去腥味。

② 鍋裡放調味料與淹過食材量的水，煮開。

③ 加入魚頭，蓋上鍋蓋，大火煮到湯汁收乾即可完成。

魚頭……指魚處理後剩下的頭

● 材料

鯛魚頭……切塊

調味料

　醬油……5大匙

　味淋……5大匙

　酒………5大匙

水　味淋　酒　醬油

● 鯛魚的凍肉片

① 將魚片斜切成薄片。

向前拉。

② 檸檬一半切成薄片，和鯛魚交錯地排在盤中。

③ 剩下的檸檬擠汁，和鹽、胡椒、橄欖油拌在一起，淋在魚身。

● 材料＜2人份＞

鯛魚（生魚片用切片）……150公克

佐料菜（蝦夷蔥等）

橄欖油……1大匙

檸檬………1個　鹽、醬油…少許

完成以後再加上佐料菜。

● 整隻鯛魚的鯛魚飯

① 電鍋加米和水，鋪上昆布，再放上鹽烤鯛魚。灑上薑絲，淋上酒。

● 材料＜4人份＞

鹽烤鯛魚…1尾　　米…3杯

昆布…10公分　　酒…1大匙

薑…1節

② 蒸好以後，魚肉剝開，和飯拌在一起。

鹽烤鯛魚

昆布

可以用生魚片代替鹽烤鯛魚。

● 煎鰈魚

●材料＜2人份＞

鰈魚………2尾
麵粉………適量
鹽、胡椒…少許
蘿蔔………5～6公分
檸檬………1/4個
沙拉油………適量

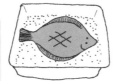
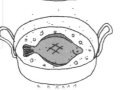

①取出魚腸（側切法），魚身劃刀痕，雙面抹胡椒與鹽之後，沾麵粉。
②油熱到中溫之後，魚的背部向上慢慢放入油鍋中，煎一下再轉大火快煎。
③蘿蔔削皮磨成泥，檸檬切片後裝盤。

● 法式奶油舌鮃

●材料＜2人份＞

舌鮃（已處理過的）…2片
牛奶…………1/2杯
麵粉…………適量
鹽、胡椒……少許
奶油…………2大匙
沙拉油………2大匙
檸檬片………2片
荷蘭芹………少許

①舌鮃塗上胡椒與鹽，倒入牛奶淹過魚身，放置約10分鐘。
②沾麵粉放進沙拉油與奶油熱鍋的鍋裡，魚皮向下煎。

③翻面再煎至中間肉熟。
④裝盤以後放檸檬片，淋上鍋裡剩的油，再灑上磨碎的荷蘭芹。

配菜依喜好放置

● 鱈魚鍋

●材料＜2人份＞

鱈魚片…………3～4片
昆布……………10公分
料理酒…………2大匙
白菜、豆腐、春菊、
金針菇…………適量
水果醋…………適量
佐料菜
（蝦夷蔥切碎…適量
　辣蘿蔔泥……適量

①鱈魚去骨切成適當大小。蔬菜洗乾淨以後，切成適當大小，豆腐切成6等分。
②鍋裡裝七分滿的水，加入昆布與料理酒，開火。

③沸騰前把昆布取出，放入鱈魚。
④沸騰以後加入其他食材，再沸騰之後加入水果醋與佐料菜即可食用。

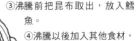

187

貝類——選購方法與烹調要訣、輕鬆的烹調法

不論是蛤蜊還是蠑螺，只要有貝殼的都是貝類。貝類體積雖小，但礦物質、維生素、膠原蛋白都很豐富，是珍貴的食材。

種類與選購方法

● 海瓜子
生長於淺海的砂中，大約10月左右就不夠肥美了。
○開口處較寬者。
○緊密咬合者。

● 蜆
生長在河口或是淡水，夏季與冬季盛產的種類不同。有益於眼睛及肝功能。
○貝殼顏色較淡者，砂較少。
○一碰就會闔上貝殼的較新鮮。

● 文蛤
○貝殼互敲時，聲音清澈。
貝肉
○飽滿。

● 牡蠣
秋冬的牡蠣最美味可口，岩牡蠣則是夏季盛產。
○貝肉飽滿隆起。
✕貝柱是黃色的。

● 蠑螺
○尖刺長。
✕搖動時有聲音。
○外殼堅實。

● 牛角蛤（平貝）
貝柱可食用。
○殼顏色較濃，中間略帶點透明感。
貝肉
○透明感。
✕白色黏膩者不新鮮。

● 扇貝（帆立貝）
✕黑色部分不能食用。
○飽滿鮮豔。

特徵與烹調要訣

・做味噌湯的湯底時，從生水就放入蛤蜊；
　要吃蛤蜊肉時，水開再放入蛤蜊。
・煮湯時，蛤蜊開口後即關小火。
・煮過頭蛤肉會變硬。

吐砂的方法

2～3%的鹽水

● 海瓜子、文蛤
以接近海水鹽分濃度的鹽水（1杯水加1小匙鹽）泡5小時到一夜。

● 蜆
純水泡1～2小時。

純水

吐砂之後，以貝與貝互磨的方式洗乾淨。

● 吐砂的重點 ●
- 暗的地方比亮的地方、常溫比冰箱更容易吐砂。
- 放在篩子裡吐砂才不會發生砂吐出來又吸回去的情況。

輕鬆的烹調

● 味噌蜆湯

①蜆吐沙後洗乾淨。
②鍋裡加水，沸騰之後放入蜆。
③蜆一開口就轉小火，加入味噌溶解，全部開口後關火。

● 材料＜2人份＞
蜆…200公克
水…4杯　　味噌…3大匙
蔥末…適量

裝在碗裡，放上蔥即完成。

● 燒烤蛤蜊

①吐砂的文蛤韌帶（黑色肉質部分）用刀切掉。
②從貝殼外面灑鹽，放在網子上燒烤。
③鹽乾了以後，中間冒出蒸氣就烤好了。可以直接食用或依喜好加醬油連殼裡的湯汁一起食用。

● 材料
文蛤…依人數決定
鹽、胡椒…少許

● 烹調的要訣 ●
事先切斷韌帶再烤，烤好後不要翻面以免湯汁溢出。

韌帶

● 奶油煎干貝

● 材料＜4人份＞
干貝…12個　麵粉…適量
鹽、胡椒…少許
醬油…少許　　沙拉油…少許
奶油…1～2大匙

①干貝灑鹽與胡椒，再灑麵粉。
②倒入沙拉油的平底鍋中，將干貝的兩面都煎過。
③最後再加入奶油，干貝變軟即可裝盤。
④平底鍋裡剩的奶油倒入醬油做成湯汁，開火煮一下就可以淋在干貝上。

烏賊———選購方式與烹調要訣

世界上的烏賊多達450種以上，不論煎、煮、炒、炸，各種烹調方式都可入菜。

食材

魚貝類

種類與選購方法

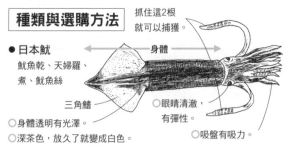

抓住這2根就可以捕獲。

身體

● 日本魷
魷魚乾、天婦羅、煮、魷魚絲

三角鰭

○身體透明有光澤。
○深茶色，放久了就變成白色。

○眼睛清澈，有彈性。

○吸盤有吸力。

● 紋甲烏賊
生魚片、壽司料、天婦羅、炸

○魚身厚實有彈力。

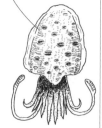

特徵與烹調要訣

· 內臟容易腐敗，儘早食用。
· 油炸時會彈跳，所以要先剝皮再炸。
· 肉較厚的品種，燒烤時，先橫向、縱向劃刀痕後再燒烤。
· 燒烤過頭會變硬。
· 含有人體必須的氨基酸類的離氨基酸，以及有助於降低膽固醇的牛磺酸和良質蛋白質。

動手做做看

· 魷魚切絲

● 材料
魷魚…1隻

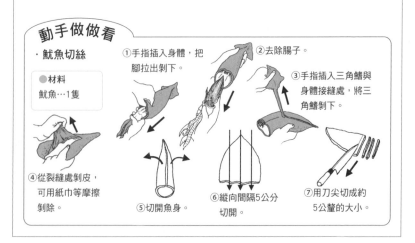

①手指插入身體，把腳拉出剝下。

②去除腸子。

③手指插入三角鰭與身體接縫處，將三角鰭剝下。

④從裂縫處剝皮，可用紙巾等摩擦剝除。

⑤切開魚身。

⑥縱向間隔5公分切開。

⑦用刀尖切成約5公釐的大小。

章魚───選購方法與烹調要訣

西方人把章魚視為惡魔的象徵，不過章魚一直都是東方人喜愛的美食。

種類與選購方法

「品嚐章魚最好使用牙齒」
用牙齒咀嚼比較有味道。

● 水章魚
身體柔軟像水一樣。
醋章魚、涮涮鍋、加工品

● 八爪章魚（真章魚）
愈嚼愈有味道。
生魚片、醋章魚、
白煮章魚

像頭一樣的
地方，其實
是身體。

燙過的章魚
○略顯紅豆色。
　皮不會剝落。

○向內側捲曲。

特徵與烹調要訣

- 高溫加熱即變硬。用小火一面加水一面煮。
- 變軟之後，即可調味。
- 搭配蘿蔔或黃豆最好。
- 含有豐富的牛磺酸與礦物質，有助於降低膽固醇。
- 與白肉魚一樣含有豐富的蛋白質。

章魚是長時間
慢煮
魷魚是短時間
加熱

動手做做看

・大蒜風味的燒烤章魚

生麵包粉

●材料〈4人份〉
燙過的章魚…300公克
鹽、胡椒……少許
生麵包粉……4大匙
大蒜…………2瓣
荷蘭芹切碎…2大匙
橄欖油…2～3大匙

①章魚切成適當大小，大蒜
切碎，與食材拌勻。

②烤箱200度烤10～
15分鐘。

蝦——選購方法與烹調要訣

蝦的日文稱為「海老（海的老人）」，是因為有長鬚與彎曲的腰，自古即被視為長壽的象徵。

種類與選購方法

● 龍蝦
鬼殼燒
○活龍蝦的殼較硬，會動。

● 明蝦
蝦子的代表。
○光澤有透明感。

● 甜蝦
生魚片

● 牡丹蝦
生魚片

● 草蝦
炸蝦、中式餐點

● 蝦仁
剝去殼的蝦。
○不會出水。
○連尾巴都有肉。

烹調的要訣

・生蝦可以做成生魚片。
・烹調前先把背部的泥腸清除乾淨。
・炸蝦時，先切掉尾尖，如果有水炸時油會彈跳。（參閱P.54）
・從腹部第3～4節劃刀，炸時不會捲縮在一起。

清除泥腸

動手做做看

・美奶滋烤蝦

●材料＜4人份＞
明蝦…12尾
美奶滋…3大匙
鹽、胡椒…少許

①從背部把殼切開，取出蝦腸。

塗鹽、胡椒、美奶滋

②灑少許鹽與胡椒，塗美奶滋後燒烤。

可依個人喜好塗醬油或辣醬取代美奶滋。

蟹————選購方法與烹調要訣

世界上的螃蟹種類多達5000種以上，你是否會分辨雄性與雌性的螃蟹？

種類與選購方法

● 毛蟹

○ 按住腳部的筋不會凹陷。
（連住身體）

● 松葉蟹
秋天到冬天是盛產期。

○ 殼硬且重。

● 帝王蟹
其實是寄居蟹的一種。
有8隻腳。

特徵與烹調要訣

· 產卵後的雌蟹不夠肥美，味道也變差。
· 煮好之後經過1天就會產生臭味。
· 活蟹直接蒸煮。
· 冷凍蟹則在解凍後先淋一點鹽與醋，
　汆燙之後，去除水分。

● 如何分辨雄性與雌性 ●
從腹部三角形蓋的大小判斷。

雄蟹：小而尖　　雌蟹：大而寬

· 一般是雄蟹較美味。
（有卵的雌蟹也很美味）

動手做做看
· 簡單的蟹炒蛋

●材料＜4人份＞
生香菇…2～3個
洋蔥…小1個
蛋…2～3個
螃蟹罐頭…1罐
美奶滋…2～3大匙
油…少許

①生香菇與洋蔥切絲，平底鍋倒油熱鍋之後，大火快炒至變軟。

②將螃蟹罐頭（含湯汁）、美奶滋及蛋攪拌在一起，加入①裡。

③等到半熟之後，全部攪拌，蓋上鍋蓋中火煎1～2分鐘，翻面再煎1～2分鐘。

淡水魚——選購方法與烹調要訣

餐桌上常見的淡水魚種類繁多，一般的淡水魚魚刺都較小，且有特定的魚腥味，烹調時的重點在於較濃的調味。

種類與選購方法

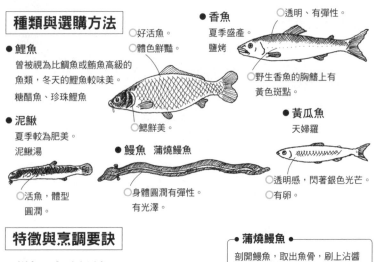

● 香魚
夏季盛產。
鹽烤

○透明、有彈性。

○好活魚。
○體色鮮艷。

● 鯉魚
曾被視為比鯛魚或鮪魚高級的魚類，冬天的鯉魚較味美。
糖醋魚、珍珠鯉魚

○野生香魚的胸鰭上有黃色斑點。

● 泥鰍
夏季較為肥美。
泥鰍湯

○鰓鮮美。

● 黃瓜魚
天婦羅

● 鰻魚　蒲燒鰻魚

○透明感，閃著銀色光芒。
○有卵。

○活魚，體型圓潤。

○身體圓潤有彈性。有光澤。

特徵與烹調要訣

· 鯉魚一定要吃活魚。
· 黃瓜魚有寄生蟲，不可生食。

● 蒲燒鰻魚 ●

剖開鰻魚，取出魚骨，刷上沾醬同時燒烤。
關東：切開背部先蒸再烤。
關西：切開腹部，不蒸直接烤。

動手做做看

· 鰻魚炒蛋

●材料＜1人份＞
鰻魚（蒲燒）…1尾
麵醬…1大匙　　水…1大匙　適量
味淋…1～2大匙　蛋…1個
糖…1大匙　　　香菜…少許

①鰻魚切成適當大小，與麵醬、水、味淋、糖一起煮，加水調整濃度。
②煮好以後打個蛋，香菜切碎加入，蓋上蓋子蒸到半熟即可食用。

其他海產類──選購方法與烹調要訣

除了常見的魚貝類之外，還有很多其他珍貴的海產類食材。

種類與選購方法

● 海膽
含有豐富的維生素A、B1、B2。

馬糞海膽

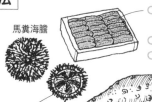

○ 紅色的鮮明且味道濃郁，白色的味道清爽。
○ 形狀完整，緊實。
○ 表面沒有出水。

紫海膽

這個部分可供食用。

● 海蔘

○ 表面凸出物清楚。
○ 表皮緊實。

● 海鞘

內臟做的鹽漬、卵巢做的乾貨都是珍貴的山珍海味。

○ 鮮豔紅色、有彈性。

● 蝦蛄
○ 活的蝦蛄要選身體肥美緊實。
○ 冷凍蝦蛄要選顏色鮮豔的。

特徵與烹調要訣

・生海膽可以沾生薑、芥末、醬油食用。
・海蔘可以沾醋生食。
・蝦蛄如果有臭味就不要生食，以免中毒。

動手做做看

・簡單的海膽蓋飯

煮好的飯上面放海苔、剁碎的綠紫蘇、海膽，再加點芥末、醬油即可食用。

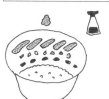

●材料＜1人份＞
海膽………… 1/2 盒
煮好的飯…… 大碗1碗
綠紫蘇…3片　碎海苔…適量
芥末…適量　醬油…適量

魚乾──種類與選購方法、輕鬆的烹調法

魚的水分降低到50％以下，即可延長保存期限，但是最近含水量較多且必須放進冰箱保存的加工水產品愈來愈多樣化。

食 材

魚貝類

種類與選擇方法

素魚乾	直接乾燥製成	鹽漬魚乾	先抹鹽再乾燥。
煮魚乾	先煮、蒸再乾燥製成的。	生鮮魚乾：鹽分較少，水分約達60～70％。	
味淋魚乾	用味淋或醬油醃漬製成的。	風乾魚乾：吹風乾燥製成的。	
文化魚乾	用透明紙包起來吸收水分後製成的。	一夜魚乾：短時間乾燥製成的。	

○表面透明有光澤且肉較厚者較美味。

● 圓鰺
剖開後浸鹽水，
風乾。

● 花鰤魚
肉厚者較美味。

● 小魚乾
串在一起燒烤。

● 鯖魚文化魚乾
脂肪較多者，鮮度較不佳。

● 味淋沙丁魚乾
烤了以後香味四溢，但是容易腐敗。

保存

生鮮魚乾或一夜魚乾用保鮮膜包起來，放進冷藏室保存，約可放1～2天。
長期保存時，要放進冷凍室。

輕鬆的烹調法

● 魚乾沙拉

①魚乾烤香。

②去骨去皮，魚肉剝下。

③小黃瓜切薄片。

④食材拌在一起，淋上水果醋即可食用。

● 材料
鹽漬魚乾…1片
小黃瓜…1根
水果醋…適量

● 冷湯

①燒烤魚乾，去骨去皮，剝肉。

②將芝麻磨碎，磨到出油後和①拌在一起。拌到滑順之後，加味噌，再磨。

③食材做成丸子，用叉子叉著，火烤。

④香味出來以後，放回研磨缽中，用冷的高湯沖開。

⑤小黃瓜與秋葵切薄片，綠紫蘇切碎，添在碗裡。

⑥淋在熱飯上即可食用。

● 材料＜2人份＞
炒芝麻…1～2大匙　魚乾…1片
小黃瓜、綠紫蘇、秋葵等…適量
味噌…2小球
高湯（放冷）…2～3杯
飯…2碗

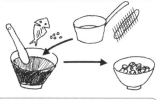

動手做做看

・自家製的魚乾

● 材料
新鮮的竹莢魚…2尾
鹽水（2次的分量）
(鹽… 1大匙以上
  水… 2杯)

①去鰓。

②去魚內臟。

③沿著中骨開腹。

④剩下背皮，從尾到頭切開。

頭對分切開。

⑤浸鹽水約30分鐘後，再重新做鹽水浸30分鐘。

鹽水

⑥用紙巾吸收水分之後曬太陽，夏天曬1天，冬天曬2～3天。

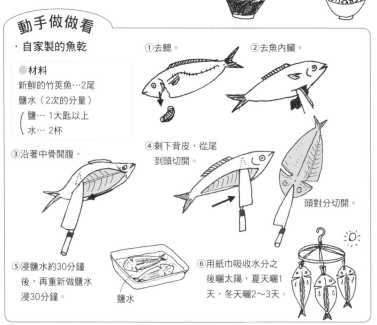

煉製的食品 | ——種類與選購方法

煉製的食品指的是加熱後凝固製成的加工食品。魚貝類的煉製加工食品大家最熟知的就是魚板。

種類與特徵

● 竹輪

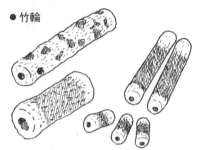

魚漿加調味料、澱粉、蛋白等，捲在竹子上或粗的棒子上，蒸、烤製成的。主要的原料是鱈魚、鮫魚、飛魚、香魚等。

〈食用方法〉
可以直接沾醬油或芥末食用，或是煮成關東煮、煮湯、快炒都可以。

● 黃金魚蛋　　　炸黃金魚蛋

炸牛蒡捲

魚漿以鹽、糖調味整形後油炸。也可添加蔬菜或佐料菜。

〈食用方法〉
直接沾醬油食用，或是關東煮、煮湯。

● 魚板

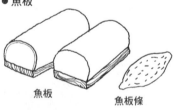

魚板　　　　魚板條

魚漿加調味料拌入蛋白，放在板上蒸、烤。以前是串在竹籤上燒烤，後來才改成放在板子上蒸煮。

〈食用方法〉
切成像生魚片一樣的形狀，沾芥末、醬油食用或當成湯料。

● 切魚板的方法 ●

①用刀子將要食用的分量從板子上剝下來。
②切成適當的厚度。

使用刀背就不會切到板子。

● 魚板捲

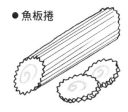

也是用魚板的材料做的，但是用捲簾（參閱 P.354）捲好再蒸製。切開中心有顏色的圖案。

〈食用方法〉

斜切成薄片，放在拉麵或湯中。

● 半片

白肉魚加山藥泥和調味料拌在一起，放進模框裡煮。

〈食用方法〉

用奶油烤過或是煮湯、關東煮時加入。

● 魚皮魚板

有彈性

用鯊魚的皮或軟骨做成的魚板。

〈食用方法〉

關東煮或是煮湯。

● 魚丸

用沙丁魚等魚類製成魚漿，再加入蛋白與澱粉等製成魚丸。

〈食用方法〉

味噌湯、關東煮、湯

選購方法

· 看清楚標示，選擇添加物較少的。

（夏季銷售的產品容易加防腐劑）

· 確認食用期限。

· 不要購買包裝破損或表面出水者。

●什麼是「竹輪麩」？●

就是以麵粉為原料，在麵粉中添加麩質後放入模型中蒸煮製成的加工食品。可以用來搭配烤豆腐串或煮湯。

煉製的食品 II —— 輕鬆的烹調法

● 甜炒竹輪

①竹輪斜切。

②平底鍋裡加入味淋、糖、醬油、水，煮開之後放入竹輪。
（加水以後湯汁蓋過竹輪）

③湯汁收乾以後再炒乾。
調味料可依喜好調整。

味淋　糖　醬油

●材料＜2人份＞

竹輪…2條　水…適量

味淋、糖、醬油…各1大匙

可以當點心也可以帶便當。

● 蔥燒竹輪

①竹輪以外的材料拌在一起做成味噌醬，用微波爐加熱約30秒（加熱到糖溶解）。

②竹輪垂直切半，再對切成4等分。

蔥

味噌　　糖

味淋

塗味噌醬

●材料＜2人份＞

竹輪……………1根

蔥切碎…………1大匙

紅味噌…………1大匙

糖……1～2小匙（依個人喜好）

味淋……………大匙

③中間塗味噌醬，放在烤網上烤。

● 半片沙拉

①半片與番茄切成塊狀。

②將美奶滋、醬油、辣椒等加入①。
（依喜好調味）

完成

●材料＜2人份＞

半片…………1片

番茄…………1個

美奶滋………1～2小匙

醬油…………1～2小匙

辣椒…………少許

● 魚板麵

①魚板從板上剝下來。

②魚板縱向切成薄片，再切絲。

沾麵醬汁即可食用。

依喜好加芥末。

●材料＜2人份＞

魚板………1根

麵醬汁……適量

食材入門
蛋及乳製品

蛋及乳製品都是有益健康的食品。我們可以從蛋中輕鬆攝取到蛋白質,也可以從牛奶、起士、奶油等乳製品中補充人體容易缺乏的鈣質。這裡就要告訴大家如何輕鬆運用營養價值高的蛋及乳製品。

蛋 | ——選購方法與烹調要訣

蛋，一般泛指雞蛋。體積小的蛋，不但營養豐富且容易烹調，過去被視為滋補元氣的最佳聖品。你擅長哪一種雞蛋料理呢？

食
材

蛋及乳製品

蛋的構造

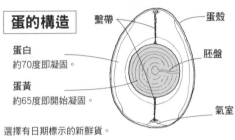

- 繫帶
- 蛋殼
- 蛋白 約70度即凝固。
- 蛋黃 約65度即開始凝固。
- 胚盤
- 氣室

· 顏色和營養及味道無關。
· 清洗時會阻塞表面看不見的透氣孔，讓雞蛋不能呼吸。
· 會透過蛋殼表面吸收異味，所以保存的時候，不要放在有異味的物品旁邊。

氣室 放久了會累積碳酸氣。保存時，氣室朝上。

選擇有日期標示的新鮮貨。
不冷藏也可以保存2週，冷藏可以保存更久。

蛋的大小

洗選蛋是依蛋的重量與大小選擇區別的。

大小	SS	S	MS	M	L	LL
標籤的顏色	（茶）	（紫）	（藍）	（綠）	（橙）	（紅）
重量	40g～46g	46g～52g	52g～58g	58g～64g	64g～70g	70g～76g

雞蛋大小與蛋黃的大小無關。做點心等只使用蛋白時，選購大尺寸的蛋。只用蛋黃的部分時，選購小尺寸的蛋。

如何分辨品質

1. 打蛋時觀察蛋黃的形狀

蛋黃是鼓起來的。

新蛋

蛋黃是塌下來的。

舊蛋

2. 加入10%的食鹽水

（水1杯加鹽1大匙以上）

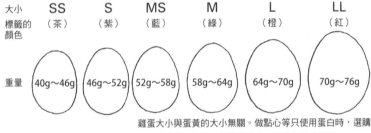

新蛋　　舊蛋

下沉。　　浮起。

3. 對光觀察

舊蛋可以看見黑影。

烹調的要訣

● 打蛋的要訣

在平面上打蛋。現在雞蛋蛋殼都比較薄，蛋打得不好，蛋殼會流進蛋裡或蛋黃會破掉。

● 攪蛋的要訣

筷子前端沾鹽比較容易打散蛋白。

叉子背部向下攪拌。

● 將蛋白與蛋黃分開的要訣

使用蛋殼將蛋白與蛋黃分開。

蛋打開以後，一邊的蛋殼撈起蛋黃，讓蛋白流出。將蛋黃移到另一邊蛋殼的同時，慢慢讓蛋白全部流出。

● 蛋不會轉來轉去的要訣

下面墊個橡皮筋。

營養　一顆蛋的良質蛋白質等於200cc的牛奶，蛋黃含有可以降低膽固醇的卵磷脂。

人體的消化速度與烹調法有關。

快　半熟　➡　生　➡　煎蛋　➡　煮蛋　慢

● 各種不同的蛋 ●

・有精蛋

公雞和母雞一起飼養生出來的蛋。有精蛋和普通蛋的營養價值是一樣的，但是容易腐敗，保存時要特別注意。

・碘蛋

用含碘較多的飼料飼養的雞所生的蛋，含碘量高於一般雞蛋。

・強化蛋

添加維生素A與DHA等加強卵的成分。

・鵪鶉蛋

體積雖小，但是含有的維生素A、B、鐵分較雞蛋多，蛋白質與脂肪含量也不差。

・皮蛋

鴨蛋加工製品。

蛋 II ——— 煮蛋的基本、輕鬆的烹調法

食
材

蛋
及
乳
製
品

煮蛋的基本

① 鍋裡加入淹過蛋的水，
再加入鹽1大匙。

② 輕輕攪拌。
（讓蛋黃在正中間）

③ 沸騰之後轉小火煮
10～13分鐘。
（凝固）
（煮的時間太長
蛋黃會變黑）

④ 冷卻後剝皮。
新鮮的蛋不易剝殼，
在水裡比較容易剝
蛋。

● 煮的時間基準

| 蛋黃是軟的 | 半熟 | 凝固 | 溫泉蛋 |

溫泉蛋
65度左右
放置約30分鐘
（蛋白滑嫩，蛋黃呈半
生半熟狀）

沸騰後3分鐘　　沸騰後5～6分鐘　　沸騰後10～13分鐘
（或是放在熱水裡15分鐘）

● 避免蛋在鍋子裡爆裂的要訣

1. 煮蛋的水加鹽或醋
防止從裂縫流出。

2. 煮之前加水先回到常溫

3. 先用針在圓的一端
（氣室）插孔

防止空氣膨脹。

＜蛋白與蛋黃凝固的溫度＞

蛋白	
58度	開始凝固
62～65度	不會流出
70度	幾乎凝固
80度	完全凝固
蛋黃	
65度	開始凝固
70度	幾乎凝固

利用蛋白與蛋黃凝固的差異性，
可以在家輕鬆煮出溫泉蛋。

輕鬆的烹調法

● 荷包蛋

① 平底鍋先熱鍋後倒油，小火讓油在鍋裡流動。打蛋。

② 蛋白開始凝固後加水蓋鍋蓋。依喜好的蛋黃硬度燜燒1～2分鐘。

（不想讓蛋黃上的白膜剝落，不要蓋鍋蓋）

● 材料＜1人份＞
蛋…………1～2個
沙拉油……1小匙
水…………1大匙
鹽、胡椒…少許

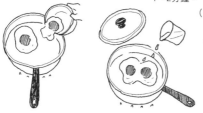

先煎培根和火腿，煎好把培根和火腿移到鍋邊再煎蛋，這樣就是培根火腿蛋了。

● 用不鏽鋼杯做溫泉蛋

● 材料＜1人份＞
杯麵的杯子或是鋼杯
容器 ………… 1個
蛋 …………… 1個
醬油 ……… 少許

① 將蛋放入65～70度左右的熱水中。

② 蓋上蓋子等約30分鐘。

③ 淋上醬油即可食用。

● 紫蘇蛋

● 材料＜4人份＞
蛋…2～3個　綠紫蘇…10～20片
調味料
（白味噌…2大匙　紅味噌…少許
糖…1大匙　味淋…3大匙）

① 打個蛋。

② 綠紫蘇切碎，與調味料充分攪拌。

③ 用平底鍋加熱②，沸騰以後把打好的蛋加進去。

蓋上蓋子燜燒到半熟。

● 水波蛋

① 菠菜切成3等分，熱鍋，加入奶油，炒菠菜。

② 用鹽和胡椒調味，裝盤。

③ 滾熱水中加入醋，打個蛋。

● 材料＜1人份＞
蛋…………1個　醋…2大匙　　菠菜…1/2把
奶油…1大匙　鹽、胡椒…適量

④ 蛋上戳個洞，讓蛋黃蓋在蛋白上，煮2～3分鐘。蛋放在菠菜上，就完成了水波蛋。

牛奶——選購方法與烹調要訣、輕鬆的烹調法

埃及的壁畫中已經出現擠牛奶的畫面，人類與牛奶之間的關係可謂由來已久。東方人容易缺乏的鈣質，多喝牛奶即可輕鬆攝取。不但如此，牛奶中含有均衡的必須氨基酸，烹調中請多加利用牛奶。

種類

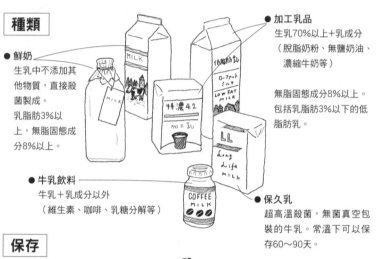

● 鮮奶
生乳中不添加其他物質，直接殺菌製成。
乳脂肪3%以上，無脂固態成分8%以上。

● 加工乳品
生乳70%以上＋乳成分
（脫脂奶粉、無鹽奶油、濃縮牛奶等）

無脂固態成分8%以上。包括乳脂肪3%以下的低脂肪乳。

● 牛乳飲料
牛乳＋乳成分以外
（維生素、咖啡、乳糖分解等）

● 保久乳
超高溫殺菌，無菌真空包裝的牛乳。常溫下可以保存60～90天。

保存

10度以下可以保存約1週。容易變質，開封後仍必須密封保存，且儘量在2天內食用完畢。

● 殺菌方法
低溫長時間殺菌（LTLT）
　　63～65度30分鐘
　　（味道接近生乳）
高溫長時間殺菌（HTLT）
　　75度以上加熱15分鐘以上
高溫短時間殺菌（HTST）
　　72度以上加熱15秒以上
超高溫瞬間殺菌（UHT）
　　120～150度加熱1～3秒

特徵與烹調要訣

· 遇酸凝固。→卡特基起士
· 添加白色。→燉肉
· 讓口味更柔和。→湯或醬汁
· 增加燒烤顏色。
· 去臭效果。→肝臟或魚等
· 加熱60度以上即形成薄膜，攪拌加熱。

輕鬆的烹調法

● 嬰兒口味的牛奶粥

①麵包切碎放在容器裡，加入牛奶，用微波爐微波1分鐘～1分半鐘。

②依喜好加入糖或蜂蜜。

●材料＜1人份＞
麵包………1片
牛奶………適量
依喜好加糖或蜂蜜

● 簡單的牛奶雪泡

把材料放進容器裡，蓋上蓋子，手搖。

牛奶
蛋黃
糖
冰

●材料＜1人份＞
有蓋子的密封容器
牛奶…………1杯
蛋黃…………1個
糖……………1大匙
（冰塊…2～3個）

倒入玻璃杯裡即可。

動手做做看

・實驗！？卡特基起士

①用鍋子加熱牛奶，加醋攪拌。

②凝固以後用紗布過濾。

③用冷水搓揉，剩下白色起士。

●材料
牛奶…500cc
醋……1大匙

配餅乾或拌沙拉食用。

乳製品————選購方法與烹調要訣、輕鬆的烹調法

乳製品包括奶油和優格，一直都是人們喜愛的食品。不喜歡喝牛奶的人，或許可以透過乳製品攝取牛奶的營養。

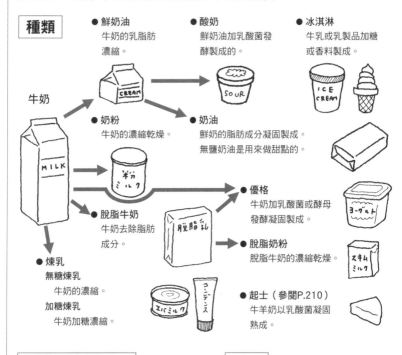

種類

● 鮮奶油
牛奶的乳脂肪濃縮。

● 酸奶
鮮奶油加乳酸菌發酵製成的。

● 冰淇淋
牛乳或乳製品加糖或香料製成。

牛奶

● 奶粉
牛奶的濃縮乾燥。

● 奶油
鮮奶的脂肪成分凝固製成。無鹽奶油是用來做甜點的。

● 優格
牛奶加乳酸菌或酵母發酵凝固製成。

● 脫脂牛奶
牛奶去除脂肪成分。

● 脫脂奶粉
脫脂牛奶的濃縮乾燥。

● 煉乳
　無糖煉乳
　　牛奶的濃縮。
　加糖煉乳
　　牛奶加糖濃縮。

● 起士（參閱P.210）
牛羊奶以乳酸菌凝固熟成。

特徵與調理要訣

· 買回來的奶油先切成18等分（=1大匙）較方便使用。
· 乳製品容易壞，要嚴格遵守食用期限。
· 奶油或優格要保存於10度以下。
· 容易產生異味，開封後一定要密封保存。

營養

· 奶油雖然是高脂肪，但是容易消化，維生素A、E含量豐富。
· 優格含有豐富的蛋白質、鈣、維生素A、B。
· 乳酸菌有整腸作用，有助於蛋白質的吸收。
· 脫脂牛奶是從牛奶去除脂肪製成的低脂高蛋白的食品。

輕鬆的烹調法

● 手工優格

①牛奶瓶開口放入優格菌。

②封口，壓緊，上下搖動。

③蓋上瓶子並用橡皮筋封緊以避免灰塵進
　入，常溫放至凝固。

　夏季…半日

　冬季…1日

④凝固後放進冰箱。

⑤食用後變少時，可以把剩下的優格移到
　新的牛奶裡。

　牛奶1公升（1000cc）中加4～5大匙。

● 材料
市售的優格菌
（裡海優格等）
牛奶…500～1000cc

● 用鮮奶油做奶油

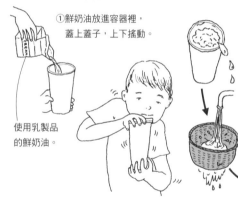

①鮮奶油放進容器裡，
　蓋上蓋子，上下搖動。

● 材料＜1人份＞
鮮奶油（乳製品）…1袋
有蓋容器或是密閉容器

②稍微搖動就會浮現白色泡
　泡。再繼續搖動，就會分
　離出白色固體與水。

③仔細地分開，用水沖洗
　2～3次白色固體。

使用乳製品
的鮮奶油。

這是無鹽奶
油。可以使用
在做菜上。

乳瑪淋是乳製品嗎？

與奶油極為相似的乳瑪淋不是乳製品，而是植物油中加
入水與乳成分、食鹽、維生素、香料等調合製成的油脂
加工品。不是奶油的風味，但有獨特香味，可以使用在
炒菜或是醬汁製作。膽固醇含量雖然不高，但是不可以
過度使用。

原料若是大豆油、玉米油、綿實油等時，應慎選非基因
改造商品。（參閱P.329）

起士 I ──── 選購方法與好吃的要訣

利用乳酸菌使牛乳、山羊乳、羊乳等凝固的起士種類非常繁多，
你知道幾種呢？

種類與特徵

1. 自然起士

以乳酸菌等將原料乳凝固後熟成的。
凝固與熟成方法有好幾種。

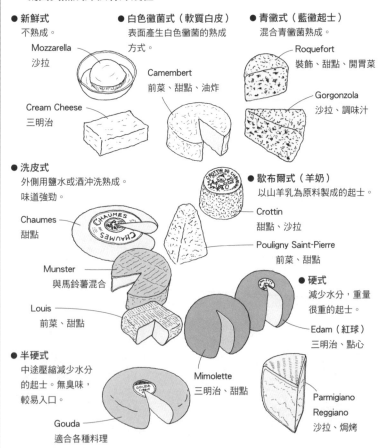

● 新鮮式
不熟成。

Mozzarella
沙拉

Cream Cheese
三明治

● 白色黴菌式（軟質白皮）
表面產生白色黴菌的熟成
方式。

Camembert
前菜、甜點、油炸

● 青黴式（藍黴起士）
混合青黴菌熟成。

Roquefort
裝飾、甜點、開胃菜

Gorgonzola
沙拉、調味汁

● 洗皮式
外側用鹽水或酒沖洗熟成。
味道強勁。

Chaumes
甜點

Munster
與馬鈴薯混合

Louis
前菜、甜點

● 半硬式
中途壓縮減少水分
的起士。無臭味，
較易入口。

Gouda
適合各種料理

Mimolette
三明治、甜點

● 歇布爾式（羊奶）
以山羊乳為原料製成的起士。

Crottin
甜點、沙拉

Pouligny Saint-Pierre
前菜、甜點

● 硬式
減少水分，重量
很重的起士。

Edam（紅球）
三明治、點心

Parmigiano
Reggiano
沙拉、焗烤

食材　蛋及乳製品

2. 加工起士

自然起士加熱、加工凝固製成。
烹調或小菜都適合。

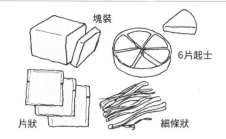

塊裝

6片起士

片狀

細條狀

選購方法與保存

● 新鮮式
○儘量選當天的產品。
· 保持完整包裝放進冰箱。
· 開封後一週內食用完畢

● 洗皮式
· 嚴禁乾燥。用保鮮膜包覆後放進密閉容器,保存於冰箱的蔬果室。

● 歇布爾式
○當天新鮮且溼潤的。
· 嚴禁乾燥,用保鮮膜包好,保存於冰箱的蔬果室。

● 半硬式
○切口呈象牙白色。
· 切口用保鮮膜包好,保存於冰箱的蔬果室。
· 於2~3週內食用完畢。

白黴菌

青黴菌

● 白黴菌、青黴菌式
○中心柔軟。
○均勻地放入青黴菌。
· 嚴禁乾燥。切口用保鮮膜包住,保存於冰箱的蔬果室。和萵苣等一起放進冰箱,補充溼氣。

● 硬式
○有氣孔時,選擇孔較大者。
○切口顏色鮮豔。
· 切口用保鮮膜包住,保存於冰箱的蔬果室。變硬後可使用在烹飪上。

● 加工起士
○確認食用期限及包裝無破損。
· 切口用保鮮膜包住,保存於5度左右的冰箱冷藏室。

好吃的秘訣

· 除了新鮮起士以外,要先回到常溫再食用。
· 容易吸收異味,保存時不要靠近味道較重的物品。
· 避免過度熟成的產品。
  (過度熟成的產品有氨臭味)
· 不要冷凍保存。
  (0度以下會讓起士變乾硬)

營養

自然起士的蛋白質含量與肉品相當。鈣與維生素A、B2含量豐富。
不含乳糖,有乳糖不耐症狀的人也可以食用。

起士 II ——— 輕鬆的烹調法

● 用優格做起士

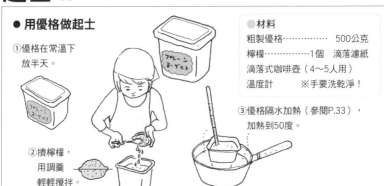

① 優格在常溫下放半天。

② 擠檸檬，用調羹輕輕攪拌。

③ 優格隔水加熱（參閱P.33），加熱到50度。

● 材料

粗製優格	500公克
檸檬	1個　滴落濾紙
滴落式咖啡壺（4～5人用）	
溫度計　　※手要洗乾淨！	

④ 咖啡濾紙過濾。

⑤ 放置約3小時，起士與水分離。

 — 起士

 — 起士

水分（乳清）

首先調味

混合胡椒與果醬，放在麵包或是餅乾上，和蔬菜一起食用。

起士放進密閉容器，保存於冷藏室。

● 卡門貝蛋白酥

① 蔬菜切適當大小和香腸一起煮。

② 上面黴菌部分保留，7～8釐邊緣削邊。

③ 去除的部分淋1大匙酒，用微波爐加熱30秒。

④ 溶化的起士再淋酒，用湯匙攪拌，加溫30秒。

● 材料

卡門貝起士	1個
白酒	1～2大匙
沾起士食材	依喜好

（麵包、香腸、胡蘿蔔、花椰菜等）

⑤ 沾麵包或蔬菜食用。

凝固後再加酒、加溫。

蔬 菜 類

說到蔬菜你想到什麼？

紅、黃、綠…各種顏色、口齒留香。

種類繁多的蔬菜不但是烹飪的主角，也是人體不可或缺的
要角。蔬菜是維持營養均衡的重要食材，所以你不可以不
知道蔬菜的烹調方法。

蘿蔔───選購方法與烹調要訣

蘿蔔古稱萊菔、羅卜,是一種屬白花菜目十字花科的根莖類蔬菜。春夏秋冬盛產的蘿蔔各有不同的特徵。

種類與選購方法

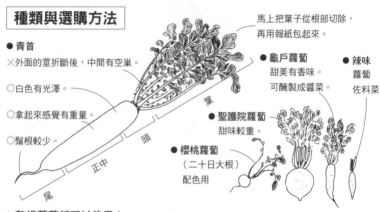

馬上把葉子從根部切除,再用報紙包起來。

● 青首
✕ 外面的莖折斷後,中間有空巢。

○ 白色有光澤。

○ 拿起來感覺有重量。

○ 鬚根較少。

● 龜戶蘿蔔
甜美有香味。
可醃製成醬菜。

● 辣味
蘿蔔
佐料菜

● 聖護院蘿蔔
甜味較重。

● 櫻桃蘿蔔
(二十日大根)
配色用

葉　頭　正中　尾

● 整根蘿蔔都可以使用!

| 尾部…辣味較重。
　味噌湯料、提味、涼拌 |
| 正中…適合加熱烹調。
　燉煮、關東煮、味噌蘿蔔 |
| 頭…含有豐富的維生素,有甜味。
　拌蘿蔔、沙拉、醋漬等 |
| 葉…維生素A、C含量豐富。
　菜飯、涼拌 |

特徵與烹調要訣

春天的蘿蔔…涼拌、醃漬

夏天的蘿蔔…辣味較強。
　　　　　　煮、醃漬

秋天的蘿蔔…軟且有甜味。
　　　　　　煮、蘿蔔乾

冬天的蘿蔔…配菜、涼拌

動手做做看

・涼拌蘿蔔絲

① 蘿蔔切絲。

② 水瀝乾,鬆開。

③ 白芝麻與芝麻醬拌勻。

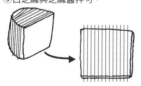

・清爽的蘿蔔泥

① 頭部削皮。切口直角頂住研磨器,這樣苦味比較不會擠出來。

② 輕輕地磨碎,沾醬油。

醋

沾少許醋,調和辣味。

蕪菁 ──── 選購方法與烹調要訣

蕪菁是十字花科的草本植物，俗稱大頭菜，是涼拌菜及醃菜的最佳選擇。

種類與選購方法

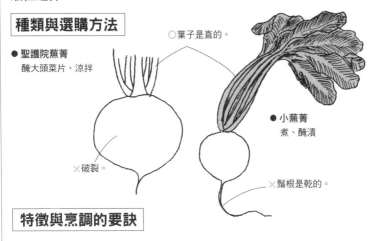

○葉子是直的。

● 聖護院蕪菁
　醃大頭菜片、涼拌

● 小蕪菁
　煮、醃漬

×破裂。

×鬚根是乾的。

特徵與烹調的要訣

・馬上剝掉葉子，用保鮮膜包覆，放進冰箱冷藏室保存。

・汆燙的時間比蘿蔔更短，不要煮過頭。

・加一撮米煮，煮好的蕪菁更白、更甜。

・葉子用油炒，不但可以增加色澤的鮮豔度，也有助於維生素的吸收。

動手做做看

・醋醃菊花蕪菁

①剝下葉子，去皮，鬚根部分削平。

②底部兩側用筷子夾住，向下切絲，不要切斷。

③加少許鹽，沾水，讓蕪菁變軟。

④浸在調味醋裡，用蓋子壓住。

〈調味醋〉
醋、水…4大匙　糖…3大匙
鹽…少許　昆布…約10公分

用蓋子壓住

昆布

做好了

胡蘿蔔———選購方法與烹調要訣

一年四季都可以採收的胡蘿蔔，營養豐富且使用範圍非常廣泛。不但有整腸的作用，還含有豐富的鐵分，是病後復原期的最佳食材。

食材

蔬菜類

種類與選購方法

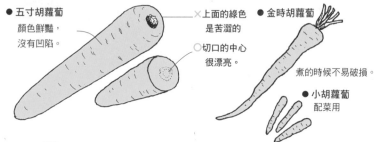

● 五寸胡蘿蔔
顏色鮮豔，
沒有凹陷。

× 上面的綠色
是苦澀的

○ 切口的中心
很漂亮。

● 金時胡蘿蔔

煮的時候不易破損。

● 小胡蘿蔔
配菜用

用削皮器薄削一層皮！

特徵與烹調要訣

· 含有會破壞維生素C的抗壞血酸，與空氣接觸就會產生作用。食用時最好加熱或加醋。
· 中心堅硬，生食時使用中心外圍的部分。
· 用油烹調有助於胡蘿蔔素的吸收。
· 靠近皮的地方胡蘿蔔素含量較多，削皮的時候不要削太厚。

動手做做看

· 配菜用的胡蘿蔔

● 材料

胡蘿蔔	1根
糖	1大匙
鹽、胡椒	少許
奶油	1大匙

①胡蘿蔔切成4～5公分的小長塊狀。
②鍋裡放進胡蘿蔔、糖、鹽、胡椒等，加水淹過食材，蓋子蓋在食材上煮到軟。
③打開蓋子，讓水分蒸發，煮好的胡蘿蔔加上奶油即可食用。

切成長塊狀

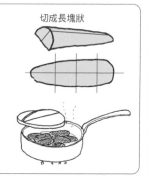

牛蒡——選購方法與烹調要訣

細細長長的牛蒡，又叫做牛蒡根，含有豐富的膳食纖維，原是傳統中藥，現也成為受人喜愛的食材。

種類與選購方法

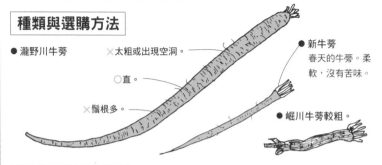

● 瀧野川牛蒡

×太粗或出現空洞。

○直。

×鬚根多。

● 新牛蒡
春天的牛蒡。柔軟，沒有苦味。

● 崛川牛蒡較粗。

特徵與烹調要訣

・苦味很重，切好了要立刻泡水。
・皮有獨特風味，所以不要削皮，用刀背刮掉即可。
・加醋煮可以消除苦味並且保持新鮮的顏色。
・適合用油烹調。
・洗好的牛蒡容易變質，要馬上使用。
・帶泥的牛蒡用報紙包好保存。
・含有豐富的鈣與纖維質，有利尿作用。

動手做做看

・牛蒡絲沙拉

①牛蒡切絲，水裡滴幾滴醋，浸泡3～4分鐘。

②熱水裡加少許醋，牛蒡煮到有點彈牙的硬度。

切成5公分寬度

切絲

●材料＜2人份＞
牛蒡…1根　醋…少許
調味料
　芝麻……喜好的量
　美奶滋……3大匙
　醬油……1小匙

③放在篩子上冷卻。

④拌上調味料，再灑上芝麻。

南瓜──選購方法與烹調要訣

南瓜又名麥瓜、番瓜、倭瓜、金瓜。在冬季蔬菜產量較少的時期，南瓜是最佳補充蔬菜營養的食材。

種類與選購方法

● 鹿谷南瓜
日本京都產的南瓜。

● 栗南瓜

● 節瓜
有黃色的和綠色的。

● 紅皮南瓜
味道較甜。

● 黑皮南瓜
甜味較少，有點黏性。

○ 顏色較深。
○ 重量很重。
○ 切口顏色較深。

特徵與烹調要訣

· 成熟的南瓜，瓜蒂向下，放在通風良好的地方保存。
· 容易從種子開始腐敗，切開以後先取出種子，用保鮮膜包好，放在冰箱的蔬果室。
· 煮的時候容易破壞形狀，切的時候切成圓角（參閱P.77）比較好。

切成圓角

動手做做看

· 煮南瓜

①切開南瓜，取出種子，切成圓角。
②湯汁淹過食材，水煮。
③沸騰以後加入糖，煮3～4分鐘，再加醬油，用鋁箔紙蓋起來，小火煮到變軟。

●材料＜2人份＞
南瓜………1/2個
高湯………2杯
糖…………2～3大匙
醬油………3大匙

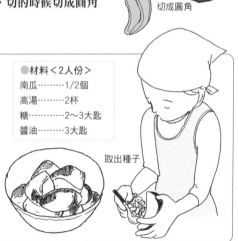

取出種子

茄子———選購方法與烹調要訣

不論是煎、煮、炒、炸，還是涼拌，茄子適合各種烹調方式，也是最容易處理的食材。

種類與選購方法

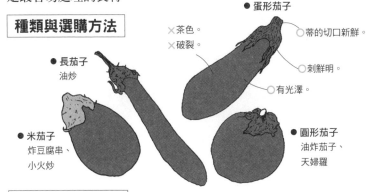

● 蛋形茄子
- ×茶色。
- ×破裂。
- ○蒂的切口新鮮。
- ○刺鮮明。
- ○有光澤。

● 長茄子
油炒

● 米茄子
炸豆腐串、
小火炒

● 圓形茄子
油炸茄子、
天婦羅

特徵與烹調要訣

· 5度以下的低溫保存會讓茄子變苦，所以保存於常溫約10度左右。
· 適合用油烹調。
· 苦味較濃，切開之後立即浸泡鹽水。
· 會吸油，可以很快補充熱量。

動手做做看

· 夏天必選佳餚 燒烤茄子

①茄子去蒂，劃上4～5刀之後燒烤。

●材料＜2人份＞
茄子…2條　醬油…適量
佐料菜（柴魚、生薑）…適量

②在烤網上烤到全部出現燒烤的顏色。

③泡水冷卻。

④從劃刀的地方插入竹籤剝皮。

放上佐料菜，淋上醬油即可食用。

青椒——選購方法與烹調要訣

除了綠色的青椒之外，還有紅椒、黃椒、橘椒，甚至還有黑色的。燒烤、炒、沙拉…烹調方式很多樣化。

種類與選購方法

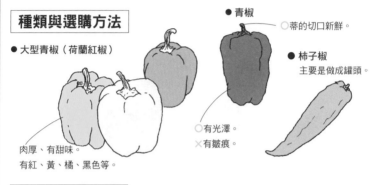

● 青椒
○ 蒂的切口新鮮。

● 大型青椒（荷蘭紅椒）

● 柿子椒
主要是做成罐頭。

○ 有光澤。
× 有皺痕。

肉厚、有甜味。
有紅、黃、橘、黑色等。

特徵與烹調要訣　要訣是大火快炒！

· 大型青椒適合做成填椒、沙拉、涼拌。
· 適合用味噌或油烹調。
· 5度以下的低溫保存會變苦，所以保存於常溫約10 度左右。
· 黑椒加熱就變成綠色的。
· 含有豐富的鉀、維生素C、膳食纖維。
　不易因烹調喪失營養價值。

動手做做看

· 青椒焗烤

●材料＜4人份＞
青椒…6個
絞肉…300公克
麵包粉…1/2杯
（事先用牛奶泡溼）
蛋…1個
鹽、胡椒…少許
洋蔥（切碎）…1/2個
溶解的起士…3片

①絞肉、麵包粉、蛋、洋蔥混在一起，充分攪拌。

②青椒切半，取出種子。

③內側塗上麵粉，將食材填入，在烤箱中燒烤。將溶解的起士切碎放在上面，再烤。

番茄———選購方法與烹調要訣

不論做成沙拉、義大利麵醬，還是果汁，番茄都是營養又美味的選擇。番茄生吃就很好吃，更是烹調上不可或缺的良伴。

種類與選購方法

● 桃太郎番茄

○果蒂是綠色的。
×接近果蒂的地方破裂。
○果實緊實。
○圓且紅。

● 水果番茄
甜味。

● 小番茄
適合做沙拉或是配色用。

特徵與烹調要訣

· 成熟的番茄保存在溫度過低的地方味道會變差，最適合的保存溫度是5～7度。
· 未熟的番茄可以室溫保存。
· 含有豐富的維生素A、C，使用油烹調更容易吸收。

● **快速調理的技巧** ●
整顆番茄冷凍保存。
澆上熱水，一面解凍，一面剝皮，切碎煮就是番茄醬汁。

● 用熱水剝皮的方法

①劃出十字刀痕。　　②放在熱水裡，皮剝開即取出。　　③放在冷水裡用手剝皮。

動手做做看

· 番茄義大利麵的
  番茄醬汁

●材料
熱水剝皮的番茄…3～4個
大蒜…1～2瓣
洋蔥…1個
橄欖油…1大匙
鹽、胡椒、糖…少許

①熱水剝皮後的番茄與大蒜、洋蔥切碎。
②橄欖油中加入大蒜，小火爆香。
③加入切碎的洋蔥，炒到透明時加入番茄。
④煮好以後加鹽與胡椒調味。太酸可以加糖。

大蒜

※可以使用番茄罐頭。

洋蔥———選購方法與烹調要訣、輕鬆的烹調法

為什麼切洋蔥的時候會流眼淚呢？為什麼生的洋蔥是辣的，煮過就是甜的呢？你知道怎麼做簡單的洋蔥料理嗎？

食材

蔬菜類

種類與選購方法

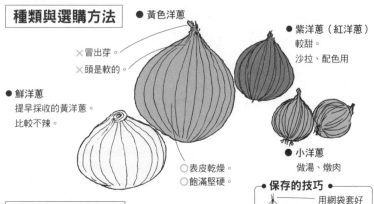

● 黃色洋蔥

✕ 冒出芽。
✕ 頭是軟的。

● 紫洋蔥（紅洋蔥）
較甜。
沙拉、配色用

● 鮮洋蔥
提早採收的黃洋蔥。
比較不辣。

○ 表皮乾燥。
○ 飽滿堅硬。

● 小洋蔥
做湯、燉肉

特徵與烹調要訣

· 放在通風良好且非密閉的場所保存。
· 切好以後泡水可以緩和辣味。
· 加熱後辣的成分產生變化，味道變甜。
· 紫洋蔥泡醋可以增添色澤的鮮豔度。
· 鮮洋蔥容易受損，放進袋中，擺在冰箱蔬果室保存。
· 有助於維生素 B1的吸收，最適合搭配豬肉（維生素B1含量豐富）烹調。

● 保存的技巧

用網袋套好

使用時切下
要用的部分。

辣味的成分會
溶解在水中。

常溫保存約1週後…

鮮洋蔥　　普通的洋蔥

● 不掉淚的切法

1. 切之前先冷卻。
   降低揮發性。

2. 使用鋒利一點的
   刀具。

辣味成分的硫化丙烯是揮發性的，會滲入眼睛造成流淚，但是卻有去腥味和提升維生素B1吸收的功能。

※洋蔥的切法參閱P.77

輕鬆的烹調法

● 爸爸最喜歡的　涼拌洋蔥絲

①洋蔥剝皮切半。

●材料
鮮洋蔥…1～2個
柴魚…適量
醬油（水果醋）…適量

②用刨絲器切絲。

連根

切到太小時，
用叉子插住切。

③泡水。

④瀝乾水分後加柴魚淋
　上醬油即可食用。

● 簡單的竹籤烤洋蔥

①洋蔥剝皮後，等距離插上竹籤。
　菜刀從竹籤中間切下。

●材料
洋蔥…1～2個　沙拉油…少許
醬汁 ⎰ 黃芥末…1大匙
　　　⎱ 醬油…2大匙
竹籤

②平底鍋倒入油，洋蔥
　雙面燒烤。

③黃芥末溶解在醬油
　裡，洋蔥沾醬油、
　黃芥末後再烤。

烤到香味四溢即完成。

223

黃瓜——選購方法與烹調要訣

不論是沙拉還是涼拌，最常見的就是小黃瓜。含水量豐富且口感清脆，又是低熱量的小黃瓜，卻也會破壞維生素C，烹調時要下點工夫。

種類與選購方法

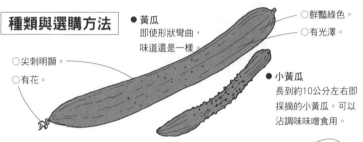

● 黃瓜
即使形狀彎曲，
味道還是一樣。

○ 鮮豔綠色。
○ 有光澤。

○ 尖刺明顯。
○ 有花。

● 小黃瓜
長到約10公分左右即
採摘的小黃瓜。可以
沾調味味噌食用。

特徵與烹調要訣

· 溼的小黃瓜容易受傷。
· 表面抹鹽（參閱P.47「在板子上搓揉」），
　用水洗去刺與白粉。
· 熱水汆燙後泡冷水，即可增加鮮豔色澤。
· 不耐乾燥。
　放進塑膠袋中，豎立放進冰箱冷藏室保存。
· 接近蒂旁的深綠色有苦味的成分，要去除。
· 會破壞維生素C的酵素成分，
　加熱或加醋即可去除。

在板子上搓揉

蒂朝上保存。

動手做做看

· 醋漬小黃瓜

● 材料

小黃瓜…1～2條
鹽水 ┌ 水…1杯
　　　└ 鹽…1小匙
水果醋…適量
吻仔魚…適量

① 小黃瓜用切片器切片，浸鹽水。
② 變軟之後，擠乾水分，放上吻
　仔魚，淋水果醋。
　也可以放海帶芽或鮪魚代替吻
　仔魚。

高麗菜——選購方法與烹調要訣

雖然一年四季都有，但是每個季節生產的高麗菜口味不同。含有可以強化胃壁與修復傷口的維生素U營養素。

種類與選購方法

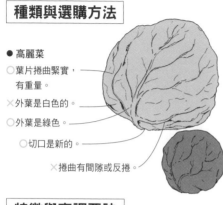

● 高麗菜
○ 葉片捲曲緊實，有重量。
✕ 外葉是白色的。
○ 外葉是綠色。
○ 切口是新的。
✕ 捲曲有間隙或反捲。

· 春天的高麗菜
從春天到初夏出產的高麗菜。
菜葉捲曲鬆軟。
口感清爽彈牙。
沙拉

· 冬天的高麗菜
是高麗菜的代表種類。
菜葉捲曲緊實，有甜味。
適合久煮。
初春時節可以放在冰箱保存。

● 紫色高麗菜
生食用。沙拉

特徵與烹調要訣

· 剝菜葉時，從菜心的根部切入。
· 切絲的高麗菜要先水洗再切。
· 切好之後再碰到水，維生素就流失了。
· 做高麗菜捲時，葉子先汆燙或用微波爐加熱。
做高麗菜捲時可以使用義大利麵條代替牙籤固定，避免煮的時候散開。

從菜心的根部切入。

溼的高麗菜用保鮮膜包起來，加熱（約30秒）到變軟。

動手做做看

· 高麗菜絲

● 材料
春天的高麗菜…1/2個
法式沙拉醬汁
美奶滋、醬汁等

①高麗菜洗好之後，切掉粗的葉脈。

②剝開葉子直接切絲。

③浸一下冷水，讓高麗菜更清脆。

適合搭配炸豬排或肉類料理，淋法式沙拉醬汁或美奶滋即可食用。

萵苣————選購方法與烹調要訣

萵苣的拉丁語是「白色乳汁」，因為新鮮萵苣會從莖部流出白色汁液。不論是快炒還是煮湯，萵苣都是餐桌上鮮美的菜色。

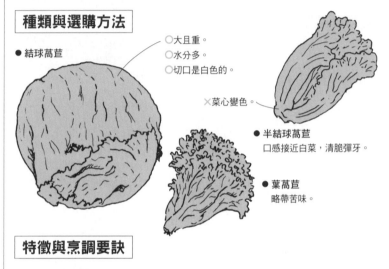

種類與選購方法

● 結球萵苣

○大且重。
○水分多。
○切口是白色的。

✕菜心變色。

● 半結球萵苣
口感接近白菜，清脆彈牙。

● 葉萵苣
略帶苦味。

特徵與烹調要訣

・結球萵苣挖洞把菜心取出比較耐放。
・含有豐富的維生素E。
・用鐵的菜刀切開時切口會變黑，所以不要用刀切，用手撕開。

動手做做看

・萵苣包肉

●材料＜2人份＞

葉萵苣……1個
豬絞肉……200公克
沙拉油……少許
調味料
　　紅味噌…2～3大匙
　　味淋……1大匙
　　糖………1大匙
依喜好使用豆瓣醬…少許

①豬絞肉在加了油的平底鍋中炒成白色。
②調味料調合後放入鍋中，和肉拌炒。
③用手撕開萵苣，包肉即可食用。

也可以拌入餅乾屑。

白菜 ——選購方法與烹調要訣

「白菜是中華料理中經常出現的主角。用白菜做成的知名佳餚有很多，如「開陽白菜」「酸菜白肉鍋」…等。

選購方法

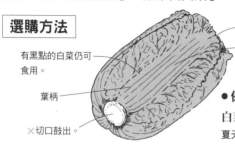

有黑點的白菜仍可食用。

葉柄

×切口鼓出。

○葉尖緊實捲曲。

○菜心較大。

○水嫩。

● 保存的要訣

白菜不耐乾燥

夏天：套上塑膠袋，放進冰箱的蔬果室保存。

冬天：包在報紙中，放在陰暗場所保存即可。

切下來的白菜放進塑膠袋裡，保存在冰箱裡。

特徵與烹調要訣

· 冬天的白菜特別甘甜美味。
· 葉尖捲起部分適合蒸煮，
　葉柄適合炒或煮火鍋，
　菜心的附近適合醃漬。
· 最適合搭配豬肉與培根。

動手做做看

· 簡單的白菜鍋

＜西式＞

●材料＜4人份＞
白菜…1/2個（斜切）
培根…300公克（3等分）
鹽、胡椒、酒…少許　高湯塊…1個

①切白菜與培根，交互疊在鍋裡。
②蓋上鍋蓋蒸煮。
③水分變少後加點水或酒，放進高湯塊，嚐味道並以鹽、胡椒調味。

＜日式＞

●材料＜4人份＞
白菜…1/2個（斜切）
涮涮鍋用豬肉…300公克
酒…少許　水果醋…適量
佐料菜
蘿蔔泥、蔥末、薑泥等

①鍋裡加水與酒約七分滿，煮沸。
②依序放入白菜心、豬肉（散開）、白菜葉煮開。
　豬肉變白後沾水果醋即可食用。

菠菜————選購方法與烹調要訣

葉菜類的代表菠菜，原產於伊朗，因為卡通大力水手「卜派」而聲名大噪。不認識大力水手的小朋友，可以問問父母或是叔叔、阿姨們。

種類與選購方法

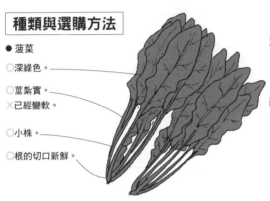

● 菠菜
○ 深綠色。
○ 莖葉實。
✕ 已經變軟。

○ 小株。
○ 根的切口新鮮。

東洋種
　根部是紅色的。
　苦味較少，有甘甜的味道。
　葉子上有小裂片。

西洋種
　根部紅色較淡。
　葉子是圓的。
　苦味較濃。

● 生菜菠菜
　沒有強烈味道與苦味。
　口感清脆。

特徵與烹調要訣

· 先汆燙去除苦味。
· 苦味來自於草酸，草酸與鈣結合會引起結石。
· 用溼報紙包起來，放進塑膠袋中，保存於冰箱的冷藏室。
· 烹調的秘訣是大火短時間加熱。
· 含鐵量和牛肝一樣豐富。
　胡蘿蔔素、維生素B1、B2、鈣、鉀的含量也豐富。
· 不適合和蛋黃一起烹調。
　會影響鐵分的吸收。
· 適合和油一起烹調。
　不易破壞維生素C，有助於胡蘿蔔素的吸收。

動手做做看

· 日式炒菠菜

● 材料＜4人份＞
菠菜…1把
油豆腐…3～4片
調味醬油…1大匙
油…1大匙

①用大量的水將菠菜洗乾淨，切成3等分。
②用平底鍋熱油，加入菠菜，大火快炒。
③炒軟之後加入油豆腐，再加入調味醬油。

其他葉菜類——選購方法與烹調要訣

小松菜、春菊、芥藍菜、高菜、水菜、芹菜、油菜等……，葉菜類的蔬菜還有很多，了解葉菜類的特徵就懂得如何應用。

種類與選購方法

○葉柄短。
✕枯萎。

● 小松菜
蕪菁（大頭菜）的同類。含鈣量比菠菜還多，含有豐富的胡蘿蔔素、維生素C、鐵、鉀等。
素燒

○根部細白。

● 油菜
維生素C、鈣、礦物質含量豐富。
涼拌、醬漬
✕開花。

● 芹菜
春的七草之一
素燒、涼拌

● 娃娃菜
蘿蔔、白菜、蕪菁等的嫩葉。
容易枯萎，立即食用。
醃漬、味噌汁、芝麻醬

● 春菊（茼蒿）
含有豐富的維生素A或是鐵分。有益於胃寒、虛冷、便秘。
醃漬、火鍋、油炸

● 水菜（京菜）
含有豐富的維生素C、胡蘿蔔素及鐵分。可以去除肉腥味。
搭配雞肉烹調

特徵與烹調要訣

· 要訣是大火、短時間加熱。
· 選擇葉色鮮嫩、水分多的。

● 保存剩下的葉菜
要維持葉菜的鮮嫩，可以將蔬菜放在水裡，用袋子蓋起來放進冰箱蔬果室。

蔥────選購方法與烹調要訣、輕鬆的烹調法

雖然不是主菜卻是烹飪上不可或缺的重要角色，這就是蔥。不論煎、煮、炒、爆香，有了蔥就能讓菜色增色不少。

種類與選購方法

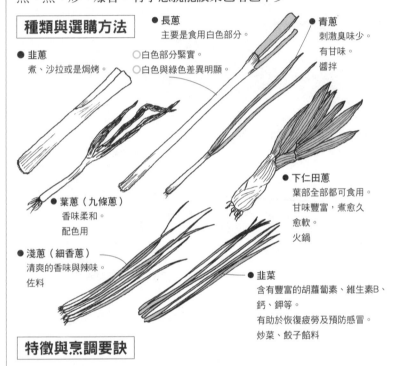

● 長蔥
主要是食用白色部分。

○ 白色部分緊實。
○ 白色與綠色差異明顯。

● 青蔥
刺激臭味少。
有甘味。
醬拌

● 韭蔥
煮、沙拉或是焗烤。

● 葉蔥（九條蔥）
香味柔和。
配色用

● 淺蔥（細香蔥）
清爽的香味與辣味。
佐料

● 下仁田蔥
葉部全部都可食用。
甘味豐富，煮愈久
愈軟。
火鍋

● 韭菜
含有豐富的胡蘿蔔素、維生素B、
鈣、鉀等。
有助於恢復疲勞及預防感冒。
炒菜、餃子餡料

特徵與烹調要訣

· 快速烹調才能引出香味與清脆的口感。
· 小火慢煮可以帶出甜味。
· 提味用的蔥要用水充分搓揉。
· 長蔥用報紙包好，常溫保存。
· 葉蔥用溼報紙包好放在冷藏室保存。
· 提味用的蔥切碎，冷凍保存，使用時比較方便。
· 蔥葉含有豐富的維生素A、B2及C。
· 具有發汗作用，所以感冒初期食用有助於恢復健康。
· 香味來自於硫化丙烯，可以消除魚腥味。

輕鬆的烹調法

● 感冒初期可以飲用味噌蔥

①蔥切小段。

切小段

②碗裡放味噌與蔥，加入熱水。

③充分攪拌，熱熱的飲用。

●材料<1人份>
長蔥…1根
味噌…1大匙
熱水

出汗以後要換乾衣服。

● 小菜點心都需要的蔥煎餅

●材料<1人份>
長蔥…1根　蛋…1個　麵粉…1杯
紅生薑…適量　麻油…少許
醬油、美奶滋、醬汁等

①蔥切段。

②碗裡打個蛋，加麵粉，用水調和成麵糰。

③加入蔥與紅生薑攪拌。

④平底鍋倒入麻油，煎麵糰。

⑤兩面煎好以後，裝盤，即可沾醬食用。

動手做做看

·佐料不可或缺的 白蔥絲

學會做白蔥絲，不論煮魚或湯料都可以做出餐廳級的風味，也可以使用在蔥燒拉麵上。

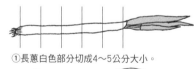

①長蔥白色部分切成4～5公分大小。

②縱向切出刀痕，去心。

③打開，沿著纖維切絲。

④好以後馬上泡水，泡開瀝乾水分即可使用。

筍───選購方法與烹調要訣

筍子是季節性的美味食物，生長非常快速。剛挖出的竹筍是可以生食的，但是隨著時間的增加就會產生苦味。

種類與選擇方法

外皮有光澤。

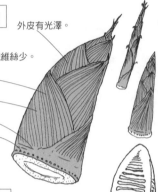

● 孟宗竹筍
　外型粗短、肉質軟嫩，纖維絲少。
○ 適度溼潤。
○ 短且粗。
○ 根部充滿水分。
✕ 太老的竹筍根部紅色斑點較多。

● 淡竹筍
　纖維絲較少、甜味也較少。
　天婦羅、煮食

● 麻竹筍
　又名苦竹，苦味較濃。
　煮、醬拌
　超市常見的筍乾是麻竹筍加工製成的。

● 煮筍子
　白色的顆粒是美味的成分酪氨酸，是無害的。

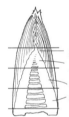

嫩皮…醬拌、醋漬
尖端…醬拌、湯料、醋漬
中段…煮、烤
根部…竹筍飯、油炸

特徵與烹調要訣

- 早點剝皮燙過。
- 根部較硬，尖部較軟嫩，烹調時分開使用。
- 膳食纖維豐富。
- 在水中加入米糠煮即可去除纖維絲。
　也可以加入白米或洗米水。
- 煮過以後放進水裡，放到冰箱冷藏。
- 每天換水可以放個4～5天。

● 煮的要訣

①前端斜切去除，剝皮時先切一條直線再剝。

②在水中加入竹筍與米糠一杯，再加一根辣椒，蓋上鍋蓋煮約1小時。（根部用竹籤刺，可以穿透即表示煮好）

③關火放冷再水洗剝皮。

動手做做看

- 嫩冷筍
　煮好的竹筍前端沾醬即可食用。

蓮藕——選購方法與烹調要訣

蓮花埋在泥土裡的地下莖到了秋天就結成蓮藕。蓮藕切開後的洞孔是為了輸送生長需要的氧氣而存在的。

選購方法

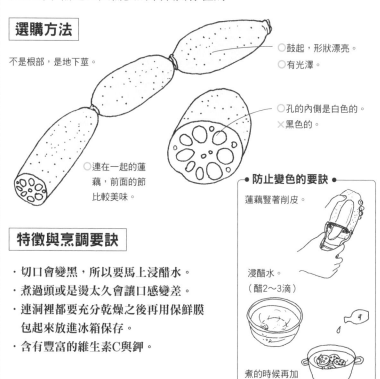

不是根部,是地下莖。

○鼓起,形狀漂亮。
○有光澤。

○孔的內側是白色的。
╳黑色的。

○連在一起的蓮藕,前面的節比較美味。

特徵與烹調要訣

・切口會變黑,所以要馬上浸醋水。
・煮過頭或是燙太久會讓口感變差。
・連洞裡都要充分乾燥之後再用保鮮膜包起來放進冰箱保存。
・含有豐富的維生素C與鉀。

● 防止變色的要訣 ●

蓮藕豎著削皮。

浸醋水。
(醋2～3滴)

煮的時候再加一點醋。

動手做做看

・蓮藕片

● 材料
蓮藕…1節　沙拉油、麻油…少許
依喜好加七味粉
調味料
　醬油…2～3大匙
　糖…少許　味醂…1大匙　水…適量

①蓮藕削皮,切成半月形的薄片,浸醋水。
②平底鍋放沙拉油,快炒一下蓮藕。
③加調味料,加水淹過蓮藕,大火炒煮。
④水分收乾以後用麻油淋香。
⑤依喜好灑七味粉。(或是拌入納豆也很美味)

白花椰菜──選購方法與烹調要訣

白色小花蕾聚集而成的白花椰菜是高麗菜的變種，和綠花椰菜是同類。可以做沙拉或醋醃、焗烤、湯等，食用方法很多。

食材

蔬菜類

選購方法

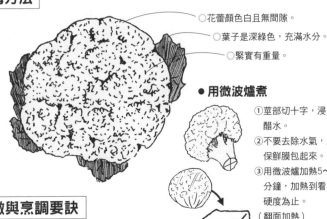

○花蕾顏色白且無間隙。

○葉子是深綠色，充滿水分。

○緊實有重量。

● 用微波爐煮

①莖部切十字，浸醋水。

②不要去除水氣，用保鮮膜包起來。

③用微波爐加熱5～6分鐘，加熱到看出硬度為止。

（翻面加熱）

特徵與烹調要訣

· 燙煮的要訣是醋+麵粉+鹽。

· 煮好可以保存更久。

· 含有豐富的維生素C及B1、B2、蛋白質及鐵質。

醋：防止類黃酮變黃，可以保持鮮嫩的白色。

麵粉：保護表面，提高沸點，所以燙一下就可以撈起。

動手做做看

· 白花椰菜的經典佳餚　波羅奈舞曲

●材料

白花椰菜……1顆

生麵粉………1/2杯

奶油…………3～4大匙

鹽、胡椒……少許

荷蘭芹切碎…1大匙

①白花椰菜燙過之後，切成小塊，趁還沒有冷的時候加鹽與胡椒調味。

②奶油炒麵粉炒到變色，再加白花椰菜。

灑上荷蘭芹即可裝盤。

234

綠花椰菜──選購方法與烹調要訣

顏色是綠色的，形狀與白花椰菜極為相似，營養則是綠花椰菜略勝一籌。

選購方法

冬天是最好吃的時候。

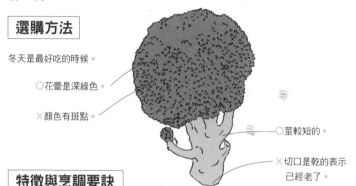

○花蕾是深綠色。

×顏色有斑點。

○莖較短的。

×切口是乾的表示已經老了。

特徵與烹調要訣

· 剝皮要剝到莖出現硬白色的部分，這樣比較容易入口。
· 含有豐富的胡蘿蔔素和維生素C。
· 鐵、鈣、鉀含量豐富，可以預防貧血。
· 不耐放，夏天1～2天、冬季3～4天就會開花。
· 保存時先燙到有點硬，再放進冷凍。

● **燙花椰菜的要訣**

熱水中加1大匙的鹽，從莖部放入水中。
不要燙太久。
浸冷水或放在篩子上放冷。

● **切花椰菜的要訣**

先切下莖的下半部，將莖部與花蕾部分開。

莖部豎起剝皮，白色部分切薄片。

花蕾分成小柱

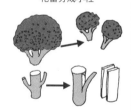

動手做做看

· 焗烤花椰菜

● **材料**
綠花椰菜..........1顆
美奶滋、起士粉...適量

①花椰菜切成小塊，燙到變硬。
②放在美耐皿上，依喜好加適量的美奶滋與起士粉。
③放入烤箱烤到表面出現焦色。

西洋芹───選購方法與烹調要訣

沙拉或是快炒、煮湯，西洋芹的烹調方式很多，不喜歡芹菜特有味道和口感的人，可以嚐試生食以外的烹調法。

選購方法

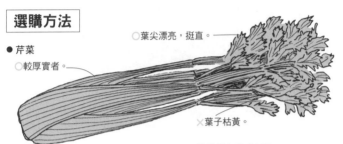

○葉尖漂亮，挺直。

● 芹菜
　○較厚實者。

×葉子枯黃。

● 剖面
　○堅實地捲曲。
　×開口。
　○切口充滿水分。
　×已經變色。

● 莖的顏色分成3種
　綠莖種……香味較強。
　白莖種
　中間種……日本較多。

特徵與烹調要訣

・從根部取出硬筋。
・要消除肉腥味或是增添香味時，使用靠近葉子的部分。
・切下來放冷使用，口感清脆爽口。
・葉子可以和荷蘭芹或月桂一起做成香料束。
・含有豐富的維生素B1、B2、胡蘿蔔素、鉀。
・葉子比莖部營養成分更高。

香料束
（香料植物供燉煮時使用）

動手做做看

・快炒西洋芹

● 材料＜1～2人份＞
西洋芹………1把
麻油…………少許
檸檬汁………1～2小匙
胡椒、白芝麻、醬油
………………少許

①將葉與莖斜切。
②平底鍋加麻油，
　快炒西洋芹。
③淋檸檬汁，再以胡椒、
　醬油調味。炒好以後灑
　上白芝麻。

蘆筍——選購方法與烹調要訣

蘆筍有白蘆筍與綠蘆筍，日照栽培的是綠蘆筍，無日照栽培的是白蘆筍。

選購方法

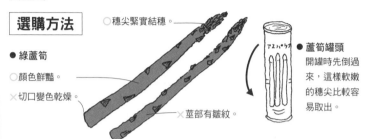

○穗尖緊實結穗。

● 綠蘆筍

○顏色鮮豔。

×切口變色乾燥。

×莖部有皺紋。

● 蘆筍罐頭
開罐時先倒過來，這樣軟嫩的穗尖比較容易取出。

處理的要訣

・根部較硬時，從可以輕易折斷的地方開始食用。
・去除葉鞘。
・在板子上搓揉之後再煮，這樣顏色比較鮮美。

在板子上搓揉

葉鞘

硬根部用削皮器削除比較好吃。

特徵與烹調要訣

・綠蘆筍以中粗等級味道最棒。
・鮮度不易保持，買回來以後要馬上食用。
・太老的蘆筍，不但甜味、香味變差，也會不清脆。
・加熱後苦味即消失。
・燙煮時，先切一半，從根部開始燙煮，1～2分鐘之後再放入穗部。
・含有天門冬素與葉酸，具有降低血壓的效果。

動手做做看

・蘆筍培根捲
①蘆筍切成5～6公分，汆燙。
②培根上捲2～3根蘆筍，用牙籤固定。
③平底鍋熱油，炒②。
④全體變色後，灑鹽與胡椒。

● 材料＜2人份＞
綠蘆筍⋯⋯⋯⋯⋯5～6根
培根⋯⋯⋯⋯⋯⋯5～6片
沙拉油、鹽、胡椒⋯少許
牙籤⋯⋯⋯⋯⋯⋯5～6根

豆科蔬菜——選購方法與烹調要訣

豆科植物的種類繁多，從石器時代開始就是人類營養的主要來源。

食材　蔬菜類

種類與選購方法

● **青豆**
扁身的豌豆莢，又叫荷蘭豆。含有豐富的蛋白質、胡蘿蔔素、維生素B1、B2、C。
○水嫩。
○鬚是白色的

● **四季豆**
鮮嫩的四季豆可以連豆莢一起食用。含有豐富的胡蘿蔔素、蛋白質、維生素B1、B2、鈣。
油炸、煮、炒
○小型。
○可輕易折斷。

● **甜豆**
圓身的豌豆莢，又叫蜜豆、蜜糖豆。豆粒大顆，豆莢鮮嫩。

● **蠶豆**
種子可食用。
鹽煮、炒炸、煮湯
○一個豆莢有3顆以上的豆子。

● **毛豆**
未熟的黃豆，營養價值高，有助於消化。
○豆莢短，密集。
○果實飽滿。
✕出現黃色的。

● **豌豆仁**
豌豆的種子。
剝下的豌豆仁最好當天食用，或是燙過以後冷凍保存。
○顆粒圓潤飽滿

○透明、有彈性。

● **豆芽**
大豆或綠豆放在陰暗的地方使其發芽，發芽以後就是豆芽。
炒、涼拌、湯料

● **苜蓿芽**
豆芽的一種可以生食。

特徵與烹調要訣

· 四季豆容易枯萎，買回來以後裝入塑膠袋中，放進冰箱冷藏室保存。

· 毛豆不要和起士一起吃。
會影響鈣的吸收。

· 蠶豆摘取後3天以內最好吃。

· 豌豆仁不要泡水太久。

· 豆芽不要泡水。
會釋出維生素C。

● **去豆筋的方法** ●

豌豆或是四季豆的筋要先去除再使用。

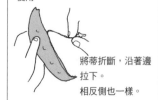

將蒂折斷，沿著邊拉下。
相反側也一樣。

其他的蔬菜————選購方法與烹調要訣

除了一般常用的蔬菜之外，還有慈菇、蓴菜、百合根等較不常見的蔬菜也很值得嚐嚐。

種類與選購方法

● 百合根
食用的百合球根。
加熱後口感綿密類似地瓜，
主要成分糖質與澱粉。

○ 白色的。
○ 大片而緊實。

● 蓴菜
池塘與沼澤水草的一種。
食用的部位是嫩芽、莖或
花蕾。
湯、醋漬

○ 葉子捲曲的比較好。
○ 滑嫩的較好。

● 慈菇
球莖營養價值高，清
脆可口，味美無比。
清炒、燉煮

○ 芽尖緊實。
○ 顏色鮮豔。

特徵與烹調要訣

· 慈菇用洗米水燙過即可去除澀味。
· 蓴菜快速汆燙之後再泡冷水。
  放進罐子或塑膠袋裡可直接使用。
· 百合根容易煮熟，不要煮過頭。
  加醋煮會變白。

● 慈菇的處理
①芽去外皮，保留2～3公分切下。
②將底部切下，從底將芽連著的
  根部剝下，剝皮。
③泡水約30分鐘，去苦味，
  煮一下。

● 百合根的處理
①洗好之後姆指插進中心，
  分成一半後
  一片片剝下。
②用醋水去屑之後，瀝乾。

動手做做看

· 醋漬蓴菜

●材料
蓴菜…一瓶
水果醋…適量

①蓴菜瀝乾水分。

②加醋即可食用，
也可以沾芥末。

馬鈴薯———選購方法與烹調要訣

馬鈴薯的別名很多，有洋芋、山藥蛋、荷蘭薯、地豆、豆薯、土豆……等不同的稱呼。是世界5大食用作物（小麥、米、大麥、玉米、馬鈴薯）之一，種類超過2000種以上。

種類與選購方法

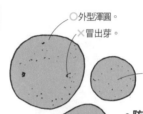

○外型渾圓。
×冒出芽。

● 粉質馬鈴薯
澱粉質含量豐富，質地鬆軟。原產於美國。
洋芋泥、烤、煮

● 卵形馬鈴薯
澱粉質含量略少，不易煮爛。
燉肉、炒、咖哩

● 小型馬鈴薯
5月左右盛產的小型馬鈴薯，水分較多。

○皮是黃色的，水嫩狀。
×皮有皺紋，綠色較多。

● 防止變色的要訣 ●

· 切開泡水。

· 煮的時候加點醋。

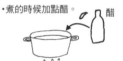

醋

特徵與烹調要訣

· 新鮮的馬鈴薯不要切開，整顆烹煮。
· 馬鈴薯泥要在熱的時候壓碎。（參閱P.69）
· 馬鈴薯的維生素C即使加熱也不會被破壞。
· 摘掉芽或是綠皮。
  含有毒的生物鹼，吃多了會中毒。
· 和蘋果一起存放比較不易長芽。
· 保存於通風良好的陰暗場所。

去芽

動手做做看

· 簡單的馬鈴薯泥

● 材料＜2人份＞
馬鈴薯…中型2個
奶油…1～2大匙
美奶滋…適量

①馬鈴薯洗乾淨，不要瀝乾，直接用保鮮膜包起來。
②微波爐加熱。
  1個馬鈴薯加熱2分30秒（500瓦）。
③熱熱的時候從保鮮膜取出，用紗布包著，從上面把皮搓下來。
④一面壓碎一面加奶油攪拌，冷了以後，再加美奶滋攪拌。

食材

蔬菜類

番薯──選購方法與烹調要訣

番薯又叫地瓜、紅薯、甘薯、白薯，營養價值高。是過去糧食不足時期的重要補助糧食。

種類與選購方法

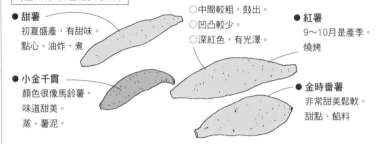

● 甜薯
初夏盛產，有甜味。
點心、油炸、煮

○ 中間較粗，鼓出。
○ 凹凸較少。
○ 深紅色，有光澤。

● 紅薯
9～10月是產季。
燒烤

● 小金千貫
顏色很像馬鈴薯，
味道甜美。
蒸、薯泥。

● 金時番薯
非常甜美鬆軟。
甜點、餡料

特徵與烹調要訣

- 根莖類蔬菜含有豐富的纖維質。
- 維生素C和夏季的橘子一樣豐富。
- 皮具有粗纖維，有通便的效果。
- 切好泡水。
  切口接觸到空氣就會變黑。
- 保持一定溫度慢慢燜或水煮。
  用微波爐加熱會減少甜味。
- 不可低溫加熱或是加熱中斷。
  即使再加熱也不會變軟。

● 去苦味的要訣 ●
皮削厚一點，泡水。

動手做做看

· 奶油蜜糖地瓜

①番薯切一半放在烤盤或是用鋁箔紙包起來，用烤箱（200～220度）烤50分鐘～1小時。竹籤可以插穿即可。

②中間部分用湯匙挖出，放進鍋裡，加奶油與糖，小火充分攪拌成泥狀。

③裝飾
日式…地瓜泥用保鮮膜扭轉成圓尖型。

西式…地瓜泥放回地瓜殼中，再用烤箱烤出焦色。

● 材料＜2人份＞
番薯…中粗1根
奶油…2～3大匙
糖…40～50公克

241

芋頭────選購方法與烹調要訣

莖部鼓起長成大的母芋，母芋周圍生長出的子芋與孫芋。因為繁衍力旺盛，所以常被使用在年節的慶典中。

種類與選購方法

市面上常見的芋頭有很多種，大型的麵芋、檳榔心芋及里芋、紅梗芋等。日本進口的品種則有下述幾種。

● **土垂**
是子芋品種。
不易煮爛。

○沾有泥土，略為緊實。
×皮破裂者。
×綠色或是紅黃色的有苦味。

● **海老芋**
母子芋。
和鱈魚棒一起煮

● **石川早生**
子芋的代表。

● **西伯利斯**
母子芋，味道佳，但是容易煮碎。

● **八頭**
母子芋，黏度不高。長得像人頭一樣，是好預兆的象徵。
乾煮

特徵與烹調要訣

・**煮的時候容易溢出。**
先搓鹽再煮。

・**滑嫩感。**
以鹽水（1%）預煮。

・**削皮時手會癢。**
用醋清洗。

・**調味時用文火慢慢調味。**

● **處理要點** ●

①用刷子刷掉泥土。

②上下切掉。

③從上到下直立削皮。

動手做做看

・**乾煮芋頭**

①剝皮搓鹽
②加水蓋過芋頭，用鋁箔紙蓋住煮到變軟。
③放冷以後，擠柚子皮調味。

鋁箔

④之後鍋子拿起轉動一下再放回去，煮到水全部吸乾。

● **材料＜4人份＞**
芋頭……6～7個
柚子皮…少許
煮汁
　高湯…適量
　糖……3小匙
　酒……1大匙

食材 蔬菜類

芋類加工品────選購方法與烹調要訣

蒟蒻是由蒟蒻芋加工製成的。和一般的薯芋類不同的是蒟蒻芋不含澱粉質，因此多吃也不易發胖。

蒟蒻芋

種類與選購方法

利用碳酸蘇打等鹼性成分，讓蒟蒻芋中一種葡甘露聚糖成分凝固的特性製成的。

● 絲蒟蒻
細絲狀的蒟蒻。

● 玉蒟蒻
將蒟蒻芋連皮壓碎製成，非常美味。

● 白蒟蒻
用蒟蒻粉做的。

● 黑蒟蒻
混合海藻粉，連袋一起保存。
添加石灰水可防腐與增加彈力。

特徵與烹調要訣

・苦味較強，要煮過再食用。
・用手撕碎時，手會沾到味道。
　也可以切出刀痕乾煎。
・適合搭配油與味噌烹調。
・有飽足感。
・有整腸效果。
・含有零熱量的膳食纖維。
　要注意營養均衡。

● 調味的要訣 ●

表裡都切出刀痕

用鍋乾煎

動手做做看

・乾煎蒟蒻

●材料＜2人份＞
蒟蒻…1塊
調味料
　醬油…適量
　味淋…2小匙

①用手撕碎蒟蒻。

②用鍋乾煎，加調味料。

③嚐味道，依喜好灑七味粉。
再灑上柴魚。

山菜————選購方法與烹調要訣

山野自然生長的野菜也有許多是可供食用的。雖然很多有苦味或澀味，但只要知道烹調要訣就可以入菜。

種類與選購方法

● **蜂斗菜**
　煮湯、雜燴、炊煮
　○葉子水嫩。
　○莖大約2公分粗。
　✕紅色太多。

● **岡姬竹筍**
　細竹的竹筍。
　口感綿密、有些微甘甜。
　煮、炒

● **紫萁**
　羊齒類的嫩芽。比蕨類且大硬。
　炒煮、醃漬、油炸

● **離弁花嫩芽**
　離弁花的嫩芽，具有獨特香味與甘甜味。
　油炸、涼拌、醃漬

○葉子有彈性

● **水芹**
　春天七草之一，紅芹的香味濃，風味獨特。
　白芹是一般市售的水芹。

● **蕨類**
　摘取剛長出的新芽食用，苦味濃。

● **款冬**
　蜂斗菜的花苞，味苦。
　天婦羅、關東煮

● **筆頭菜**
　木賊的胞子莖。
　食用胞子開花前的莖。

軟刺

○刺粗短的比較嫩。

● **野蒜**
　像細蔥一樣，食用地下莖與葉。

● **獨活**
　生食、用醋涼拌
　✕有紅、黑斑點。

● **艾草**
　食用初春的嫩芽。
　○約5～10公分。

特徵與烹調要訣

・野蒜沾味噌單吃即可。

・款冬可以縱向分割後油炸做成天婦羅。

・蕨類和紫萁不要吃太多。
　有分解維生素B1的成分。

・獨活削皮泡醋水有增白效果。

・艾草含豐富維生素A。

動手做做看

・山菜天婦羅
　用離弁花嫩芽或艾草等做油炸天婦羅。
　①洗乾淨瀝乾，
　　裹天婦羅麵衣。
　②高溫油炸。

去苦味的方法

1. 加一小撮鹽燙煮

苦味較少的莢果蕨或牛尾菜等。

2. 燙煮後泡水

苦味較強的獨活、蜂斗菜、艾草等，煮後泡水30分鐘～1小時。苦味強勁時，泡3～4小時。

3. 在板子上搓揉

蜂斗菜等苦味較強者，抹鹽後在板上搓揉。

4. 使用小蘇打

苦味較強的紫萁、蕨類、款冬。

①水2公升中加入小蘇打，煮沸。

只要一小撮就夠，太多會苦。

②加入山菜，關火，放冷之後，水洗。

5. 用米糠煮

竹筍等。
2公升水中加入米糠一撮。

6. 浸醋水

獨活削皮，浸醋水（3～5%），或用醋水燙。

7. 做成天婦羅

用油炸即可去苦味。

● 現摘的處理方法 ●

用水一根一根洗乾淨，
沖洗到器皿底部完全沒砂土為止。
洗好要儘早烹調。

動手做做看

・春天的筆頭菜飯

①去刺，汆燙、泡水。
②用油快炒，加入糖和醬油調味。
③加點鹽與醬油煮飯。
④煮好了拌一下即可食用。

●材料
筆頭菜…10根左右
糖、醬油…適量
油、鹽…少許

245

世界各地的蔬菜——西方蔬菜、東方蔬菜

東西文化交流相當普及的今天，市場上隨處可以見到來自世界各地的蔬菜。

食材

蔬菜類

西方蔬菜

- **朝鮮薊**
  食用的是花蕾。
  苦味較重，要先燙過才能食用。
  鍋燒、炒、煮
  ○花蕾緊實包覆。

- **菊苣**
  前菜、湯、炒
  ○葉尖新鮮。
  ○粗、全部是白色的。
  ○有細毛。

- **韭蔥**
  湯、白酒燉菜
  ○葉子挺直有光澤。
  ○白色部分粗壯。

- **節瓜**
  雖然很像小黃瓜，不過是南瓜的同類。
  炒、煮後做沙拉
  ○順滑有光澤。

- **國王菜**
  含有豐富的維生素與礦物質。煮熟會黏黏的。
  湯、天婦羅、醃漬
  ○直到葉尖都很挺直。

- **茴香**
  主要是食用莖部。
  葉子是香草植物。
  沙拉、湯料、魚肉香料
  ○水嫩。

- **甜菜根**
  連莖一起整顆燙煮食用。
  沾醋即可保持鮮豔的顏色。
  沙拉、醃漬、羅宋湯
  ○紅色鮮豔。

動手做做看

·菊苣沙拉

①醬汁材料充分攪拌在一起，明太子與美奶滋依喜好調整。

②菊苣從根部切下2～3公分，每片剝下清洗乾淨。沾醬料即可食用。

明太子　美奶滋

奶油起士

● 材料＜4人份＞
菊苣⋯⋯⋯⋯ 2～3個
醬料
　明太子⋯⋯⋯ 1副
　奶油起士⋯⋯ 50公克
　美奶滋⋯⋯⋯ 適量
　鹽、胡椒⋯⋯ 少許

東方蔬菜

● 香菜
又叫芫荽，
多做菜餡的配料。
炒菜、沙拉、煮湯

○整株水嫩有彈性。

● 苦瓜
有獨特的苦味。
維生素C含量豐富。
縱向切半，用湯匙把中間的種子
挖出，搓鹽使用。
鑲肉煮、沙拉、炒菜

● 豆苗
豌豆的藤蔓。
快炒、湯料、餡料

○深綠色。

● 空心菜
燙一下就可食用。
烹調後容易變黑。
蒜炒、清燙

○葉與莖部水嫩。

● 青江菜
含有豐富維生素C、
鈣及胡蘿蔔素。
快炒、奶油燉菜、
冷盤配菜

○整株挺直。

● 塌菜
含有大量的膳食纖維
、鈣、鐵和維生素。
快炒、湯料

○葉子鮮綠。

● 韭菜花
韭菜莖長出來的。有特
殊香味與甜味。
快炒、春捲餡料

● 蒜苗
快炒

○切口新鮮。
╳老了會變硬。

動手做做看

· 大蒜炒空心菜

①莖葉分開。

②沙拉油熱過，將
蒜片與薑末小火
炒香。

大蒜　雞精粉

生薑

③大火先炒莖，再加入
葉一起拌炒，加雞晶
粉調味。

④好依喜好加1～2小
匙鹽即完成。

●材料＜4人份＞
空心菜……300公克
大蒜………1瓣
生薑………1節
雞晶粉……2～3大匙
沙拉油……少許
鹽…………1～2小匙

菇類 | ———選購方法與烹調要訣

原本生長在森林中的菇類，種類多達20萬種以上，其中也有些是有毒的。膳食纖維豐富，具有獨特風味。

種類與選購方法

● **鴻喜菇**
加熱後香味更濃。
炒肉絲、拌飯
○傘較小者。
○莖粗且白。

● **松茸**
秋天美食的代表。
土瓶蒸、燒烤、
煮飯配料
○傘不要太開，柄
　要粗。
○柄有溼氣。

● **滑子菇**
有獨特的滑膩感。
放進篩子裡，用水或熱水
燙一下。乙生鮮菇只能放
2～3天。
味噌湯、清湯

● **金針菇**
有特殊香味與黏度，
具獨特口感。
鍋燒、快炒、湯料
○愈白的愈新鮮。
○全體都是挺直的。

○傘小且張開。
○中粒。
✕黏度是濁的。

● **舞菇**
奶油炒、鍋燒
○傘的顏色較深。

● **香菇（椎茸）**
燉煮、快炒
○傘裡是白色的。
✕傘裡是茶褐色。
○軸是粗的。

● **木耳**
無臭無味，口感清脆
。乾貨用燙的或是泡
水還原。
快炒、醋漬、湯料
○柔軟的是新鮮的。

● **洋菇（蘑菇）**
新鮮的洋菇是可以生食的。
白色洋菇…燉煮
茶色洋菇…有香味。快炒
○裡面的柄是白色。
　（新鮮）白→粉紅→黑（老）
✕傘是開的。

特徵與烹調要訣

· 適合搭配油烹調。

· 洗過以後風味較差，原則上不要洗。
　怕髒的話，使用前再洗。

· 金針菇不要煮過頭。

· 舞菇用手散開比較容易入味。

· 生鮮的香菇不耐放，要放在冰箱的生鮮保存室。
　柄向上放，避免孢子掉落。

· 洋菇的切口會變黑，泡檸檬水或醋水。

有關菇類的小智慧

● 菇類是中華料理的最佳良伴

香菇成分中的普林化合物，有助於降低因攝取動物性油脂增加的膽固醇。中華料理常用豬肉或豬油，所以搭配菇類一起煮是最好的。

● 長期保存法 一次取得大量的菇類時……

鹽漬：汆燙後放進容器裡，用鹽覆蓋阻絕空氣。
量較多時，交互放置。最後用煮汁淋在上面，蓋緊瓶蓋。要食用時，用水沖去鹽分。

水煮：用鹽水煮過後，和煮汁一起密封在罐子裡。
乾燥：風乾。

● 乾香菇的製作方法

之一
用繩子把香菇串起來，掛起來風乾。

之二
去除菇柄的最前端（P.250），不要包保鮮膜放進冰箱。2～3天就可半乾燥。

● 其他的菇類

・草菇
還沒長大就套袋的菇類。
中華料理中經常使用的菇類。
一般是使用水煮罐頭或是瓶裝的產品。
快炒、湯料

・杏鮑菇
原產於歐洲，用手剝開使用。
奶油炒

・松露
與鵝肝、魚子醬並稱世界三大珍味。
有黑松露與白松露之分，香味都很濃郁。
沙拉、蛋包飯

菇類II——輕鬆的烹調法

● 烤香菇沾水果醋

用手去除菇柄

菇柄最前端

①切掉菇柄最前端，取下菇柄。

②用烤網在平底鍋烤。

●材料＜1人份＞
鮮香菇…5～6個
水果醋（或黑醋）…適量

③烤好了沾水果醋即可食用。

● 鋁箔紙烤金針菇

①切除下面約3分公處。

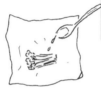

②用手剝一小撮放在鋁箔紙上，淋酒。

加干貝或蝦米、鮪魚罐頭等也很美味。

●材料＜1人份＞
金針菇…1袋
酒…1～2小匙
調味醬油（或調味醋）…適量

③包起來，用烤箱烤2分鐘左右。打開看看，金針菇軟了就完成了。

● 鴻喜菇飯

①去除鴻喜菇柄的前端，用手拿2～3個菇，用水沖洗。

②不要瀝乾水分，直接放進鍋裡，加酒與醬油調味。

●材料＜4人份＞
鴻喜菇…2袋　調味醬油…1～2大匙
酒…1大匙　昆布…5公分　米…3杯

③米加入②的煮汁，加水至一般煮飯的水量，上面放昆布，煮飯。

④煮好以後，加上鴻喜菇拌在一起，蒸煮5～6分鐘。

● 大蒜炒舞菇

①切掉菇柄前端，用手撕開。
②大蒜切碎。
③平底鍋熱油，大蒜爆香，
　加入舞菇。
　炒到軟以後，加鹽與胡椒
　調味。

●材料＜2人份＞
舞菇………1袋
大蒜………2～3瓣
沙拉油……2大匙
鹽、胡椒…少許

● 義大利鮮洋菇沙拉

①洋菇切去柄前端。
　沖洗一下。
②縱向切片，擠入檸
　檬汁防止變色。

●材料＜1人份＞
洋菇…6～7個
檸檬…1/2個
火腿…2～3片
法式沙拉醬（市售）

③火腿切成條狀拌在一起，
　加沙拉醬即可食用。

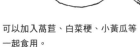

可以加入萵苣、白菜梗、小黃瓜等
一起食用。

● 奶油杏鮑菇

①用手撕開杏鮑菇。
②平底鍋加奶油，
　放入杏鮑菇，兩面
　都燒烤。

●材料＜1人份＞
杏鮑菇……2～3個
奶油………2～3大匙
鹽、胡椒…少許

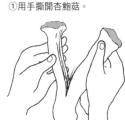

③加鹽、胡椒調味。

日本飲食生活的歷史——人類的飲食生活愈來愈豐富嗎?

繩文	· 採集樹木果實,狩獵與漁撈 · 開始栽培麥與雜糧 · 用陶土器皿炊煮	明治 大正 昭和	· 門戶開放影響,西餐與肉食開始普及 · 啤酒、咖啡、奶油的普及 · 加工食品(瓶裝、罐裝)的出現
彌生、古墳	· 開始栽培稻作、蔬菜與豆子 · 製作烤乾的米飯、曬乾的米飯等可延長食物保存期限的乾貨與醃漬食品 · 製作酒、醬等發酵食品 · 灶的發達➡蒸米與稀飯等	(戰前)	· 二次世界大戰,實施糧食配給制度
飛鳥、奈良、平安	· 製造乳製品(牛奶、奶酥、乳酪) · 酒、醬、醋的盛行 ➡保存食品(鹽漬食品、乾貨)的增加 · 茶傳進來 · 蒸米變成硬粥	昭和 (戰後) 1950 〜 1960 年代 1970 年代 1980 年代	· 戰後糧食缺乏,黑市盛行 · 供應學校糧食➡麵包的普及 · 超市的問世 · 速食拉麵上市 · 廚具的電氣化 · 熟食的普及化 · 外食產業的發達 · 速食與超商問世 · 宅配與外帶便當問世 · 微波食品與冷凍食品的問世
鎌倉、室町	· 簡單的飲食生活與精進料理的拓展 · 豆腐與豆製品的普遍化 · 味噌與醬油及砂糖的普遍化 · 蔬菜種類增加、烹調法也愈趨多樣化 · 個人式的配膳法開始普及		
安土桃山、江戶	· 蜂蜜蛋糕、水果糖、麵包等西洋點心傳入。 (葡萄牙、西班牙與荷蘭等地) · 高湯與味淋出現➡日式調味的盛行 · 二菜一湯或三菜一湯的懷石料理形成 · 一天三餐的飲食模式形成 · 米食普及到庶民 · 烹飪書的大量發行 · 飯屋誕生、餐飲店普及 · 形成大家一起聚在餐桌用餐的形式	平成 1992年 1995年 1996年 2001年 2003年 2004年	· 家人分別在外用餐的時代來臨 · 健康食品的盛行 · 食材的品質與傳統料理的改革運動盛行,開始推動飲食教育 · 保特瓶問市 · 基因重組農產品問世 · O-157在大阪大流行 · 日本第一起狂牛症出現➡開始全面檢查 · 「品質保持期限」標示廢除 ➡「食用期限」與「保存期限」標示的實施 · 食品安全基本法的實施 · 禽流感在日本大流行

食材入門
乾貨類

乾貨固名思義就是乾的食品。減少食品的水分,將體積縮
小、減輕重量,提升生鮮食品的保存期限與營養價值。
家裡庫存一些乾貨,以備不時之需。

乾貨 I ── 選購方法與烹調要訣

家中可以經常儲備一些乾貨，以備不時之需。乾貨大致可分為海鮮類與農產品類。

食品的水分含量低於50%即可抑制腐敗菌的生長。
低於15%即不再發育生長。

※乾貨的還原方法請參閱
P.50、51、258

農產加工品

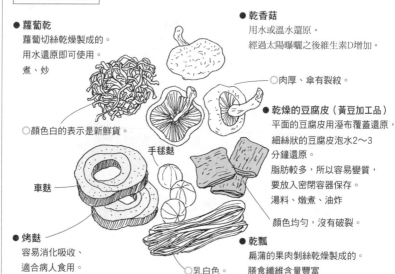

● 蘿蔔乾
蘿蔔切絲乾燥製成的。
用水還原即可使用。
煮、炒

○顏色白的表示是新鮮貨。

● 乾香菇
用水或溫水還原。
經過太陽曝曬之後維生素D增加。

○肉厚、傘有裂紋。

● 乾燥的豆腐皮（黃豆加工品）
平面的豆腐皮用溼布覆蓋還原，
細絲狀的豆腐皮泡水2～3
分鐘還原。
脂肪較多，所以容易變質，
要放入密閉容器保存。
湯料、燉煮、油炸

顏色均勻，沒有破裂。

手毬麩

車麩

● 烤麩
容易消化吸收、
適合病人食用。
湯料、煮等

○乳白色。

● 乾瓢
扁蒲的果肉剝絲乾燥製成的。
膳食纖維含量豐富

特徵與烹調要訣

· 容易受潮，開封後放進密閉容器。
· 煮甜麩時加水飴會讓味道更順口。
· 乾香菇還原水可以用來做為煮湯的調味料。
· 乾香菇在晴天曝曬約20分鐘可以延長保存期限。

● 乾瓢的還原方法 ●
①水洗用鹽搓軟。
②洗去鹽分用大量的水浸泡約
　10分鐘。
③鍋裡放水，放入乾瓢，加1小匙
　醋煮沸。煮2～3分鐘，可以輕
　易切斷就表示好了。調味。

水產加工品

乾貨最好是秋、冬季節購買，梅雨季之前用完。

● 昆布

利尻昆布：上等昆布。懷石料理
真昆布：香味濃厚，風味絕佳。昆布捲
日高昆布：一般用來做昆布高湯。
羅臼昆布：味道很重。火鍋

○充分乾燥，有光澤。
○肉厚，範圍廣泛。
×咖啡色的黴菌。

● 干貝

可以直接食用。
還原的水可以煮菜。

● 柴魚

柴魚是經過燻製，添加黴菌
再經過日曬完成的。
削成薄片使用。高湯料

○互敲有清脆的聲音。

● 小魚乾

沙丁魚煮過曬乾製成。

×肚子破裂。
×背部捲曲。
○有光澤、捲成ㄟ字型。

● 海帶芽

礦物質豐富。
湯料、醋漬、沙拉
灰乾海帶芽：在海濱砂岸乾燥製成
的。彈牙、風味獨特。

○3～5月新鮮貨非常鮮嫩。

● 羊棲菜

含有豐富的鈣與鐵，長羊
棲菜是莖，芽羊棲菜是葉
子做的。

○有黑色光澤。
○粗度一致，充分乾燥者。

● 海苔

有厚度的黑色。
厚度均勻。

● 蝦米

煮好的蝦子曬乾的。
高湯湯底、炒菜配料

特徵與烹調要訣

· 昆布髒了不要洗，用擰乾的布擦乾淨。
  切下要使用的大小，剩下的放進密閉容器保存。
· 昆布要煮軟時，加一點醋，蓋鍋蓋，小火煮。
· 昆布熬高湯時，在沸騰前就要取出。
· 細的羊棲菜可以夾在兩個重疊的網子中間沖水，這樣就不會流失了。
· 製作海苔碎片時，先用火烘焙，之後再放進塑膠袋中搓揉。
· 搓好的海苔碎片可以用在湯料上。
  烘好的海苔可以在碗裡壓碎，加高湯、醬油即可食用。
· 小魚乾適合做成味道濃郁的味噌湯。

255

乾貨II —— 輕鬆的烹調法

● 無比美味的煮蘿蔔乾

●材料＜4人份＞

蘿蔔乾…40公克	調味醬油…2～3大匙
油豆腐…4片	味淋…2大匙
沙拉油…1大匙	高湯…1～2杯

①蘿蔔乾用水洗乾淨後，
　浸泡約10分鐘。
②瀝乾水分，切成適當大小。
③平底鍋中倒入沙拉油，
　炒蘿蔔乾。

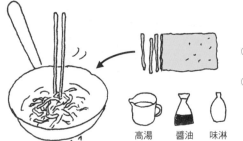

④燙過的油豆腐切碎加進去，
　快速攪拌。
⑤加高湯淹過食材，加醬油與味
　淋，蓋住鍋蓋，等到湯汁收乾
　後，邊攪拌邊煮。

高湯　　醬油　　味淋

● 簡單但是專業的豆腐皮湯

①將乾燥的豆腐皮泡水2～3
　分鐘。
②鍋裡加水，煮沸之後，加
　雞晶粉、酒、醬油調味。
③將豆腐皮、芹菜、柚子放
　進碗裡，慢慢加入高湯。

●材料＜1人份＞

乾燥豆腐皮…1～2個
雞晶粉………適量
酒、醬油……少許
水……………1杯
依喜好加芹菜或柚子等…少許

食
材

乾貨類

● 美味的羊棲菜

●材料＜4人份＞
乾燥羊棲菜…40公克　　高湯…1～2杯
油豆腐…3　4片（或竹輪1根）
沙拉油…1大匙　　醬油…1～3大匙
味淋（或酒）…2大匙　　糖…1大匙

①羊棲菜放進篩子裡，用水將
　砂沖洗乾淨，再加水浸泡約
　15分鐘。
②平底鍋倒入沙拉油，羊棲菜
　瀝乾後快炒。

③油豆腐切碎（或竹輪切環狀）
　汆燙後放進鍋裡。

用熱水去油

油豆腐

高湯

醬油　味淋　糖
　　　（酒）

④加入湯汁蓋過食材。

⑤煮好後調味，攪拌再煮5～6分
　鐘。（水太多可以再煮久一點）

● 口味清爽的醋漬海帶芽

●材料＜4人份＞
乾的海帶芽…約5公克　　生薑…1節
小黃瓜、小魚乾等…適量　醋…1大匙
調味醬油…1～2大匙
糖…少許（依喜好）

①海帶芽用熱水汆燙，泡水後，擰乾，切成
　大約3公分。
②生薑去皮切絲。
③醋和醬油調在一起，食用前再加入。
　最後將切絲的小黃瓜和小魚乾拌在一起。

醋　　醬油

乾貨還原用量的基準

乾貨使用方便，但要注意還原時量不要一次放太多！

乾貨的種類（乾貨以4人份計算）		增加率	還原方法
羊棲菜	（煮湯35公克）	4倍	泡水20分鐘
昆布	（昆布捲50公克）	2.5倍	泡水15分鐘
快煮昆布	（煮湯50公克）	3倍	泡水5分鐘
乾的海帶芽	（醋漬5公克）	14倍	泡水10分鐘
速食海帶芽	（味噌湯5公克）	10倍	泡水5分鐘
鮄魚片	（煮湯80公克）	2倍	洗米水泡二晚
蝦米	（湯底15公克）	1.4倍	溫水泡20分鐘
乾香菇	（甘煮6公克）	5.5倍	泡水30分鐘（溫水泡20分鐘）
筍殼魚乾	（煮湯30公克）	5倍	泡水2小時
蘿蔔乾	（炒煮50公克）	4.5倍	泡水15分鐘
乾瓢	（甘煮15公克）	7倍	水煮（煮到夾就斷）
金針菜	（拌50公克）	3.5倍	溫水泡20分鐘、煮1分鐘
紫萁	（炒煮30公克）	4倍	泡一晚水，熱水煮20分鐘
木耳	（快炒3公克）	7倍	泡水20分鐘
凍豆腐	（燉煮63公克、4片）	6倍	溫水泡25分鐘
平面豆腐皮	（湯9公克）	3倍	溼毛巾蓋10分鐘
捲豆腐皮	（燉煮12公克）	1.2倍	泡水3分鐘
烤麩	（燉煮35公克）	4.5倍	泡水20分鐘
小町麩	（煮湯5公克）	13倍	泡水5分鐘
葛切	（甜湯45公克）	3.5倍	煮3分鐘關火燜10分鐘
米粉	（炒120公克）	3倍	燙2～3分鐘到散開
冬粉	（涼拌80公克）	4.5倍	煮1分鐘關火燜5分鐘

※依各商品的不同，還原方法或增加率有所差異。

豆類及豆類加工品

豆科植物的種子就是豆類，豆類自古即被視為重要的營養食品。豆類是蛋白質的主要來源，所以有田裡的肉類之稱。不論是實體的豆類或是加工製成的豆腐、味噌、油豆腐、納豆等，都是非常受到大家喜愛的食品。

大豆與其他豆類——選購方法與烹調要訣

豆類的代表就是大豆。古時候五穀中的米、麥、豆、稷、黍，被稱為「大地的黃金」。豆類食材除了大豆以外，還有其他乾燥的豆類。

種類與選購方法

● 大豆

● 黃豆（味噌豆）
味噌、醬油、豆腐、豆皮及豆粉的原料。
○皮有光澤與彈性。
○顆粒整齊。

● 毛豆
未成熟的黃豆。

● 黑豆
煮豆子

● 青大豆
青豆仁、炒青豆
生豆磨粉乾燥後做成豆仁，可做湯料或涼拌食用。

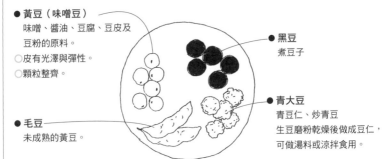

● 其他豆類

● 白花豆
可代替白色的四季豆，做成甘納豆或煮豆。

● 紅小豆（紅豆）
煮甜湯、甜點餡料

○飽滿、顆粒整齊。
○皮薄、顏色有光澤。
✕出現明顯帶黑色的顏色。

● 白小豆

● 紫花豆
煮豆子、沙拉

● 扁豆
燙過做沙拉、湯料

● 金時紅豆
四季豆的同種。
煮豆子

● 雛豆
泡一晚水再煮。
沙拉、咖哩

● 虎豆（花圓豆）
四季豆的同種。
煮豆子
○渾圓飽滿。

● 大角豆
做紅飯用。皮硬，很難剝開。

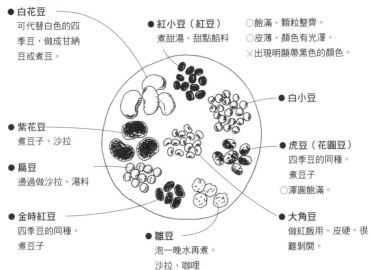

煮豆子的要訣

● 煮大豆時

和竹筍皮或竹葉、昆布一起煮，更容易煮爛。

● 放在熱水瓶裡一晚

用鍋子煮開之後，連煮豆汁一起倒進熱水瓶中。

（煮汁倒滿整壺）

泡一晚讓豆子變軟之後比較容易入味。

● 黑豆煮不爛時

將煮豆汁與豆子分開，豆子用新的熱水再煮過。

變軟之後，再用原來的煮豆汁煮。

特徵與烹調要訣

- ・泡水一晚再煮。
- ・紅豆不泡水可以直接煮。
- ・煮豆時不要一直開鍋蓋或攪拌。
- ・煮豆煮到一半加水，可以避免豆子稠在一起。
- ・等到豆子煮爛了再調味。
- ・黑豆用鐵鍋或和鐵鏟一起煮會讓顏色更鮮豔。
- ・糖分幾次加入。
- ・湯渣要仔細撈出。
- ・豆子容易被蟲吃。

  放在開孔的塑膠袋中，用紙袋包好放進冰箱保存。

動手做做看

・涼拌大豆

●材料

大豆…1杯

蘿蔔…從頭部開始約10公分

醬油醋…適量

① 大豆放在鍋裡煮，連煮汁一起倒入熱水瓶中，靜置一夜。

② 用小火煮到熟爛。

③ 蘿蔔磨泥後放在豆子上，沾醬油醋即可食用。

（和香菇、蔬菜一起煮成甜味就是五目煮）

豆腐、大豆加工品 I ——烹調要訣

對於想隨時都可以吃到大豆的人，加工食品是最好的選擇。可以隨時食用的大豆加工品種類繁多。

種類與選購方法

● 豆腐

木綿豆腐
豆漿用棉布過濾後壓住，堅硬不易碎。
燉煮、火鍋

朧豆腐
豆漿加入鹵水後浮起的固體塊。
直接食用、味噌湯料

絹豆腐
不重壓製成的，水分多，口感柔軟。
涼拌豆腐、湯豆腐、冷豆腐

烤豆腐
擠去木綿豆腐的水分，表面燒烤製成。
火鍋料、關東煮

凍豆腐
凍過乾燥的豆腐。

● 豆漿
大豆的水溶液。豆腐凝固前的液體就是豆漿。
飲料

● 生豆腐皮
豆漿加熱，表面浮起的薄膜。
豆皮壽司、煮湯

● 豆渣（雪花菜）
大豆擠成豆漿後剩下的豆渣。
不耐保存，要馬上使用。

● 油炸豆腐
豆腐用油炸過，依厚度分成不同種類。

油豆腐（阿給）
木綿豆腐切厚片油炸。
　○周圍不硬。

綜合炸豆腐
木綿豆腐弄碎以後加蔬菜等配料一起油炸。

豆皮（稻荷豆皮）
凝固的豆腐切成薄片油炸製成。　○無油臭味。

● 納豆
煮大豆加納豆菌發酵製成的，有助消化的健康食品。

● 味噌
（參閱P.298）

● 醬油
（參閱P.299）

食材
豆類與豆類加工品

烹調要訣

● 油炸豆腐別忘了要瀝油!

去除油膩味,吃起來更爽口。

1. 燒烤或是做味噌湯料時

從上面淋熱水。

2. 煮或燙稻荷豆皮時

按住不要浮起,
煮2~3分鐘。

豆腐的切法

● 善於使用菜刀的人…

豆腐放在手掌上,菜刀從上直切到下。
絕對不要前後拉扯!
豆腐先切一半,再放到手上比較好切。

不善於使用菜刀的人,
可以在砧板上切。

● 豆腐去水的重點

1. 炸豆腐等

用篩子等自然瀝出水
分。水分減少約原來重
量的10%。

2. 煮豆腐

用紙巾或布包住吸
水。水分減少約原
來重量的15%。

3. 炒或是鐵板

用布包著,炒的只要
蓋上一個盤子。鐵板
燒的可用豆腐2倍重的
砧板壓住。
水分減少約原來重量的50%。

● 急著用的時候…
紙巾包著豆腐,用微波爐
加熱1~2分鐘。

保存

不要出水。

・**剩下的豆腐浸在水裡放進冰箱。**
2天內用完。

・**做成凍豆腐保存。**
豆腐淋熱水後,瀝水冷凍。

・**油炸豆腐去油後切好,放到冷凍室保存。**
冷凍的可以直接烹調。

豆腐、大豆加工品 II ── 輕鬆的烹調法

● 甜味稻荷豆皮

① 豆皮用熱水燙過，切一半。
② 鍋裡倒入高湯蓋過豆皮，加糖與醬油。
③ 小火煮到湯汁收剩1/3，連同醬汁一起保存。

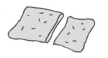

高湯　糖　醬油

連湯汁一起放進塑膠袋保存。

可以使用在各種烹調上！

● 烏龍湯麵
加入烏龍麵或細麵。

● 稻荷壽司
用菜刀刀背輕輕拍打甜味稻荷豆皮，打開，裡面裝飯。

● 稻荷冷盤
甜味稻荷豆皮切成適當大小，配蘿蔔泥即可食用。

● 稻荷蓋飯
將甜味稻荷豆皮切碎，放在飯上，打個蛋，淋上醬汁。

● 豆腐冷盤

● 材料
豆腐…1塊
各種裝飾配料

① 豆腐用紙巾或篩子瀝乾水分。
② 吃之前再加裝飾配料。

● 沙拉涼拌豆腐
小黃瓜切絲
洋蔥絲
火腿絲
美奶滋
醬油

● 泡菜豆腐
泡菜
麻油
辣油
醬油

● 芝麻拌豆腐
蘿蔔泥
芝麻
醬油

● 健康的鐵板豆腐

●材料＜1人份＞
木綿豆腐…1塊　酒…1大匙
味淋…1大匙　醬油…1大匙
沙拉油…1小匙
（依喜好加入胡蘿蔔片與辣椒、七味等）

要訣1 確實瀝水。

要訣2 小火燒烤。

①豆腐用布包起來，拿砧板壓住約15～20分鐘，將水瀝乾。

②平底鍋倒入油，放入豆腐，小火調整到中火。

③烤到兩面都是金黃色，加酒、味淋、醬油，拌炒一下。

（豆腐抹麵粉再燒烤，味道更濃郁）

● 袋燒油炸豆腐（納豆或蔥燒）

●材料＜2人份＞
豆皮…2片
納豆…1袋
蔥…1根
柴魚…2小袋
醬油、辣椒…適量

● 納豆封
①豆皮去油後切二半。
②在砧板上用刀背敲打後打開。
③納豆拌醬油與辣椒後，塞進豆皮裡，用牙籤固定。
④平底鍋熱油後放進③，小火煎雙面。

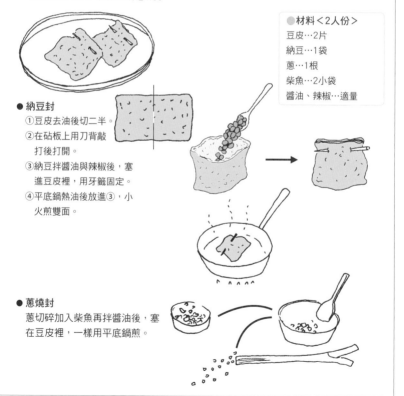

● 蔥燒封
蔥切碎加入柴魚再拌醬油後，塞在豆皮裡，一樣用平底鍋煎。

芝麻——種類與烹調要訣、輕鬆的烹調法

芝麻一直以來都被視為長壽不老的健康食品，榨出的麻油更被視為滋補的營養品。不論入菜或做點心，都是很好用的食材。

種類與選購方法

芝麻的豆莢
芝麻是豆莢裡的種子。
在爆開之前收成、乾燥製成的。

○有光澤。

● 黑芝麻
大粒有香味。
油分較白芝麻少。
甜食內餡、灑在飯上。

● 白芝麻
小粒，味道較黑芝麻香。
油分多，是麻油的原料。
拌菜、芝麻豆腐

● 研磨芝麻
芝麻皮較硬，經過研磨
之後使用，可以促進營
養的吸收。

● 煎芝麻
煎過的芝麻味道更香。
已經開封的芝麻，煎過
更香。

● 洗芝麻
收成以後，表
面洗過再乾燥製
成的。

● 金芝麻
黃色的芝麻。

● 芝麻糊
芝麻研磨製成膏狀
的芝麻糊。
適合用來拌菜。

※煎芝麻的做法請參閱P.62

特徵與烹調要訣

· 煎過可以提升香氣。
· 可以和醬油、味噌、醋等調成沾醬。

營養

營養價值高，蛋白質、脂肪含量豐富，含有鈣、鐵、維生素B1、B2、E，是低熱量的食品。

食材

豆類與豆類加工品

輕鬆的烹調法

● 芝麻醋拌青菜

●材料＜2人份＞
菠菜…………200公克
芝麻…………3大匙
調味料
　┌ 醬油…………2小匙
　│ 糖……………1大匙
　└ 醋、高湯……各1大匙

也可使用小松菜、春菊、水菜、
豌豆莢等

①菠菜汆燙過後，把水擠乾。
②芝麻磨好，加入調味料，再磨
　成芝麻醬汁。
③菠菜切成適當大小沾芝麻醬
　食用。

糖

醬油

醋

高湯

要訣是芝麻磨到有黏度之後，
加入調味料。

● 芝麻地瓜丸子

①地瓜削皮，切成環狀，蒸熟。
②趁熱壓碎，與蛋黃、糖、奶油
　攪拌在一起。

●材料＜2人份＞
地瓜……………　大1個
蛋黃……………　1個
糖………………　4～5大匙
麵粉（低筋）…　4大匙
白芝麻…………　1袋（約100公克）
奶油……………　1～2大匙

蛋黃
奶油
糖

③搓成丸子狀。

⑤沾煎好的白芝麻。

⑥放在盤裡，蓋上保
　鮮膜，微波爐加熱
　約3分鐘。

④麵粉加入5大匙的水調
　勻，麵衣包住丸子。

完成了。

乾果類───種類與選購方法

乾果類營養價值豐富，一直都是動物和人類重要的營養來源。乾果類不但可以當零食，也可入菜或做成甜點。

種類與選購方法

● 花生
含有豐富的脂肪與蛋白質。
帶殼花生更是別具風味。
醬料、零食

● 山胡桃
山胡桃的種子。甘香甜。
零食、甜點

● 核桃
帶殼的核桃，風味絕佳。
零食、甜點

● 白果
銀杏的果實。
茶碗蒸、鹽烤
帶殼：白色顆粒大。
已經過乾燥處理。

● 腰果
腰果樹種子。
零食、冷盤

● 澳洲堅果
又稱夏威夷火山豆，
具有彈牙的口感。
搭配冰淇淋、巧克力

● 杏仁果
鐵、鈣、維生素E含
量豐富。
搭配冰淇淋、零食、
甜點

● 開心果
帶殼灑鹽乾煎、
甜點
○綠色較濃。

● 栗子
糖炒栗子、甜點
○皮有光澤。

動手做做看

· 花生拌醬

● 材料
花生
（吃剩的也可以）
醬油1：味淋1
（依喜好加糖）

①用平底鍋將花生炒乾。
②用缽子將花生磨到出油，加醬油、
味淋。可淋在小松菜或春菊上做涼
拌菜。

● 剝栗子殼的技巧 ●

①泡一晚上的水，再泡
熱水約10分鐘。

②變軟以後手放進皮
和果肉之間，用手
剝皮。

要訣 從尖的地方向下剝。

甘甜水嫩的水果一直都是人們喜愛的食物。除了本地特產的之外，現在市場上也隨時可以買到各地進口的水果。
請大家一起多多品嚐當季美味的水果。

蘋果———選購方法與食用方法

在過去物資缺乏的時代，蘋果被視為高級水果，只有特殊的日子才可以品嚐到它的美味。而今，隨處都買得到世界各地美味的蘋果。

食材
水果

種類與選購方法

其他還有輕澤蘋果、陸奧蘋果、世界一蘋果、美國加納蘋果等，都可以在超市買到。

● 富士蘋果

香味濃郁，果汁較多。
成熟時果肉充滿蜜汁。

○堅硬。

○拿起來的重量較重。

○下面飽滿。

● 王林蘋果

青蘋果的代表品種，甘甜，香味濃郁。

● 紅玉蘋果

小型，有酸味，適合做甜點。

○成熟以後變成黃色。

美味的要訣

・紅玉蘋果適合做成烤蘋果。
・蘋果適合搭配豬肉食用。
・做咖哩時加蘋果會讓咖哩的味道更棒。
・生鮮的蘋果可以做成沙拉。
・蘋果切開之後容易變黑。
　一切開就要馬上泡鹽水。

＜甜味的順序＞

剖面圖

● 蘋果的小常識 ●

不熟的水果和蘋果放在一起，可以快點熟。

動手切切看

①切成8等分。

②削皮。

③去核心。

葡萄————選購與食用方法

葡萄品種繁多，有食用品種、釀酒品種、觀賞品種等。除了生食以外，葡萄也可以做成果醬、葡萄酒與葡萄乾等。

種類與選購方法

● **巨峰葡萄**
顆粒較大，較甜。

○ 柄是綠色的。

○ 顆粒飽滿，大小一致。

○ 有白粉附著的表示是新鮮的。

● **德拉瓦葡萄**
小粒但是很甘甜。

○ 顆粒大小一致。

● **甲州綠葡萄**
水嫩香甜。

○ 成熟後略帶黃色。

● **New Pione**
改良的巨峰葡萄。
非常甜，成熟後果實也不會掉落。

＜甜味的順序＞

子房

美味的要訣

．一串葡萄中子房的部分是最甜的。

．果汁、果醬都以黑葡萄為宜。

．含有豐富的葡萄糖和果糖，但是維生素含量少。

．容易殘留農藥，要用水沖洗乾淨。

動手做做看

．**大粒葡萄冰**

巨峰等果粒較大的葡萄，洗乾淨放進塑膠袋中，置入冰箱的冷凍室。

取出不解凍即可食用。

柑橘類——選購方法與食用方法

蜜柑、橘子、葡萄柚、檸檬、柚子等柑橘類水果的維生素C含量豐富，一年四季都可品嚐得到。

種類與選購方法

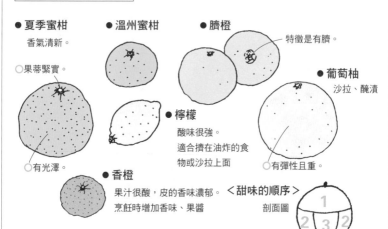

● 夏季蜜柑
香氣清新。
○果蒂緊實。
○有光澤。

● 溫州蜜柑

● 臍橙
特徵是有臍。

● 葡萄柚
沙拉、醃漬
○有彈性且重。

● 檸檬
酸味很強。
適合擠在油炸的食物或沙拉上面

● 香橙
果汁很酸，皮的香味濃郁。
烹飪時增加香味、果醬

＜甜味的順序＞
剖面圖

美味的要訣

· 進口橘子要注意農藥問題。
· 葡萄柚適合搭配水田芥一起料理。沙拉
· 維生素C及檸檬酸較多，可以消除疲勞，有助於預防感冒。

● 取出果肉的要訣 ●
背部劃一刀取出果肉。

動手切切看

· 臍橙的切法

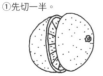

①先切一半。

②再切一半。

③切4～5等分。

梨子——選購方法與食用方法

梨子富含維生素C、B及膳食纖維。水梨清脆水嫩非常爽口，而果肉香軟的西洋梨也很受大家的歡迎。

種類與選購方法

水梨　　○拿起來很重。

西洋梨　○香味濃郁。
　　　　　　○沒有傷痕。

● 豐水梨

果汁很多。

×紅色太紅。
（過熟）

● 二十世紀梨

青梨的代表品種。

○淡黃。
×皮色太黃。

● 長十郎梨

紅梨的代表品種。

×綠。（未熟）

● 法蘭西梨

果實小，表皮有凹凸，香味及品質俱佳。

● 巴特梨

罐裝梨大多是這種。

美味的要訣

· 西洋梨柄的附近變軟即可食用。
· 吃之前1～2小時放冰箱。
· 蒂向上保存。
· 皮上的小顆粒可以刺激腸子，有通便的功效。

動手切切看

· 西洋梨的切法

① 縱向4等分切開。

② 切掉柄部。

③ 皮去核心。

柿子——選購方法與食用方法

柿子主要分為甜柿和澀柿兩類。不僅可以生吃，還可以入菜和做成柿乾。

食材
水果

種類與選購方法

● 富有柿

○紅色，有光澤和彈性。 　○果蒂是鮮豔綠色。

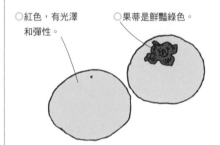

● 柿乾

○白粉完整覆蓋。

<甜味的順序>

剖面圖

美味的要訣

· 愈靠近蒂或籽的部位愈甜。
· 甜柿的維生素C是橘子的2倍。
· 用報紙包起來放進冰箱保存。
· 澀柿做成柿乾後，即可消除澀味，
  變得美味可口。

● 去除澀味的方法 ●

蒂開孔朝下，沾35度的燒酒，用塑膠袋密封，放5天以上。

動手切切看

①從底部將蒂挖出，切4等分。

沿溝切即可避開種子。

②削皮。

桃子———選購方法與食用方法

桃子在中國被視為延年益壽的水果。白色果肉的味道較甜，黃色果肉的則略帶酸味。

種類與選購方法

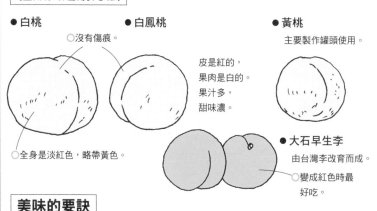

● 白桃
○沒有傷痕。
○全身是淡紅色，略帶黃色。

● 白鳳桃
皮是紅的，
果肉是白的。
果汁多，
甜味濃。

● 黃桃
主要製作罐頭使用。

● 大石早生李
由台灣李改育而成。
○變成紅色時最好吃。

美味的要訣

· 果核周圍的果肉比較不好吃。
· 愈香愈好吃。
· 水蜜桃有點軟比較好吃。
· 最佳保存位置是放在室內陰涼的地方。
· 太冷會因為受凍而變得難吃。
· 吃之前再放進冰箱。
· 容易受傷，小心保存。

＜甜味的順序＞
剖面圖
果蒂
2 3 4 3 2
1

動手切切看

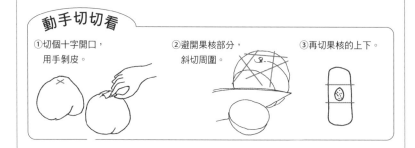

①切個十字開口，用手剝皮。

②避開果核部分，斜切周圍。

③再切果核的上下。

草莓—— 選購方法與食用方法

草莓果粒雖小，但含有豐富維生素C。可以生食，也可以做成果醬或醬汁。

食 材

水果

種類與選購方法

● **豐香草莓**

大顆、酸味少。
愈大顆愈甜。

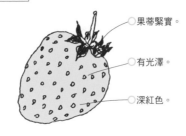

○果蒂緊實。

○有光澤。

○深紅色。

● **女峰草莓**

耐保存的品種，適合做甜點。

查看草莓
是否受傷要從
包裝底部看！

美味的要訣

・用鹽水洗更甘甜。

・冷凍保存時加30％的糖。

・5～6粒草莓即可補充1日的維生素C。

動手做做看

・草莓冰淇淋

①草莓加糖用保鮮膜包覆，用微波爐加熱。

②搗碎做成草莓醬。

③加在市售的冰淇淋上面即完成。

產生泡泡就可以了。

洋香瓜───選購方法與食用方法

甜瓜的一種，別名網仔瓜、哈密瓜，原產於古埃及，據說埃及豔后也曾經吃過。

種類與選購方法

● 夕張洋香瓜
果肉是金黃色的。
香味及甜度濃郁。

○ 紋路整齊有彈性。

● 網紋洋香瓜

洋香瓜中的極品。

○ 尾端乾淨。

● 安地斯洋香瓜
味道與香氣接近網紋洋香瓜，最近大受歡迎。

● 光面洋香瓜
無紋路洋香瓜的代表品種。

○ 無變色與斑點。

美味的要訣

< 甜味的順序 >
剖面圖

· 等瓜熟了以後再冰。
· 尾部香味濃郁即可食用。
· 有紋路的洋香瓜比較甜。
· 無紋路的洋香瓜口感清脆。

動手切切看

①縱向切一半。　②再切一半。　③去籽。　④切成適當大小。

西瓜——選購方法與食用方法

西瓜除了果肉香甜多汁之外，種子還可以做成瓜子。除了紅肉西瓜之外，還有黃肉西瓜、有子西瓜與無子西瓜，目前更不斷的有改良品種上市。

食材
水果

種類與選購方法

● 小玉西瓜

皮比大玉西瓜薄，雖然易碎，但是甜度一樣。

● 大玉西瓜

○紋路清晰。
○肩部較寬。
○敲起來聲音清脆。
×聲音聽起來悶悶的表示太熟了。

● 切好的西瓜

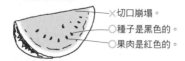

×切口崩塌。
○種子是黑色的。
○果肉是紅色的。

＜甜味的順序＞

剖面圖

愈接近中心愈甜。

美味的要訣

・冰過以後再吃。
・接近皮的白色部位可以做成醋漬或涼拌。
・錯開瓜蒂與尾端切開。
・正切二半白色部分流出，甜味會變淡。
・錯開瓜紋切，種子比較清楚。

瓜蒂

尾端

動手做做看

・芝麻醋拌西瓜

①靠近皮的白色部分切薄片，用鹽搓後充分水洗。

②做芝麻醋。
磨過的白芝麻…1杯
糖…3大匙
醋…少許

③瀝乾水分後拌上芝麻醋醬。

香蕉───選購方法與食用方法

隨手拿起來就可以吃的水果就是香蕉。香蕉是熱帶水果的代表，有些熱帶國家的人把香蕉當成主食。

種類與食用方法

● 香蕉

果肉鮮嫩味道香甜。

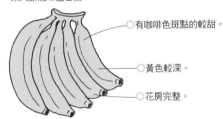

○ 有咖啡色斑點的較甜。

○ 黃色較深。

○ 花房完整。

● 芭蕉

長度約10公分的香蕉。

美味的要訣

· 放進冰箱會變黑。
　適當的溫度是12～15度。
· 綠香蕉要在室溫下熟成。
· 澱粉轉變成葡萄糖後比較甜。
· 切口容易變成咖啡色，
　切開後沾檸檬汁。
· 容易消化。

動手做做看

· 烤香蕉

①平底鍋加奶油，將香蕉烤到焦黃。
②沾果糖、檸檬汁變成淺棕色即完成。

其他水果—— 選購方法與食用方法

其他還有櫻桃、莓果類、木通、石榴…等水果。這些古時候在山野中就可摘採到的水果，如今只有在店裡才能看到。

種類與選購方法

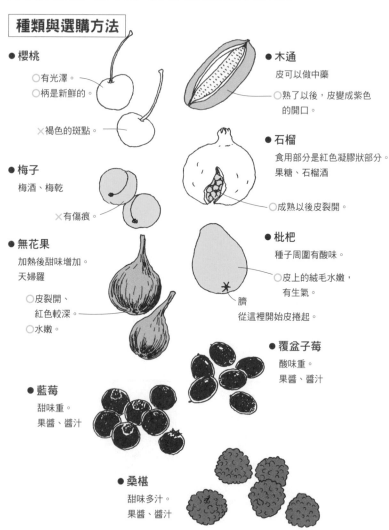

● 櫻桃
　○有光澤。
　○柄是新鮮的。

　✕褐色的斑點。

● 梅子
　梅酒、梅乾

　✕有傷痕。

● 無花果
　加熱後甜味增加。
　天婦羅

　○皮裂開、
　　紅色較深。
　○水嫩。

● 藍莓
　甜味重。
　果醬、醬汁

● 木通
　皮可以做中藥

　○熟了以後，皮變成紫色
　　的開口。

● 石榴
　食用部分是紅色凝膠狀部分。
　果糖、石榴酒

　○成熟以後皮裂開。

● 枇杷
　種子周圍有酸味。

　○皮上的絨毛水嫩，
　　有生氣。

　臍
　從這裡開始皮捲起。

● 覆盆子莓
　酸味重。
　果醬、醬汁

● 桑椹
　甜味多汁。
　果醬、醬汁

美味的要訣

・枇杷一剝開即容易氧化，要馬上浸水。

・無花果的果汁會引起皮膚過敏，不要沾到嘴巴四周。

・無花果吃太多會引起下痢。

・做梅乾以無傷痕的中粒或小粒為宜，梅酒則以硬的綠色大粒為宜。

・莓果類適合做成果醬或醬汁。（參閱P. 359）

動手做做看

・**無花果天婦羅**

①剝皮的無花果對半切開。
②沾天婦羅麵衣油炸。

・**清爽的醃梅子**

●材料
青梅子…1公斤
冰糖……800公克

①青梅子洗乾淨用竹籤一個一個去掉
　果蒂，瀝乾水分。
②用竹籤在果實上插4〜5個洞。
③熱水消毒過的容器，交互放進青梅
　與冰糖。
④蓋子蓋緊，每天翻動1〜2次，放在
　陰暗場所保存直到冰糖溶解。

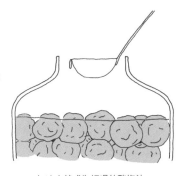

加冰水就成為好喝的酸梅汁。

熱帶水果 ——選購方法與食用方法

熱帶水果不論味道或形狀都有其獨特之處。讓我們也來嚐嚐各種不同風味的熱帶水果。

種類與選購方法

● 楊桃
○ 從黃綠色變成黃色時即可食用。
直接切成薄片食用。

● 奇異果
維生素C的含量是橘子的2倍。
○ 厚實有重量。
✕ 太硬時在常溫下放置2～3天。

● 酪梨
脂肪成分高，因此有「森林奶油」之稱。
○ 皮是黑的或變軟時就可食用。

● 百香果
果肉呈果凍狀。
生食、果汁

● 榴槤
果肉黏黏的，有特殊氣味。

● 木瓜
○ 變成黃橙色時即可食用。

● 荔枝
乳白色半透明的果實。

果蒂

● 芒果
○ 熟了果皮從綠色變成紅色。

● 龍鳳果（紅毛丹）
果實的形狀與味道和荔枝相似。

● 鳳梨
○ 下面略帶紅色。

美味的要訣

「早上的水果是金、中午的水果是銀、晚上的水果是銅」
早上維生素吸收的速度較快，吃了水果會覺得神清氣爽。

· 荔枝先冰過以後，從果蒂處剝開食用。
· 金鑽鳳梨的果心較其他品種細嫩，可以食用。
· 鳳梨、木瓜、奇異果有助於肉類的消化。
（含有蛋白質分解酵素）
· 榴槤的果肉可以冷凍保存。

切水果的方法

● 酪梨

①沿著中心線切到種子
切一圈。

②雙手掰開。

③有種子的那側切一
半取出種子。

皮削掉，沾芥末、
醬油就很好吃。

● 芒果

剖面圖

芒果的種子是平的。

①避開種子上下
切下果肉。

②果實的上下兩半，用手剝皮。
剝下種子周圍的皮，挖出種子。

● 木瓜

切一半，用湯匙
挖出種子。

依喜好滴幾滴檸檬汁，
用湯匙挖著吃。

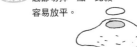

要訣　底部切掉一點，比較
容易放平。

● 奇異果

①上下切下。

②從上到下削皮。

③切成約0.5公分的圓片。

283

水果乾——選購方法與食用方法

生鮮不耐放的水果，經過乾燥以後即可延長食用期限。雖然外觀與風味改變，但是另有一番滋味。

種類

● 蜜李

西洋李乾燥製成的。含有豐富的維生素與膳食纖維。

● 葡萄乾

比生鮮的葡萄更甜。含有豐富的鐵質與礦物質，可以預防便秘。

● 鳳梨乾

比生鮮鳳梨更甘甜。甜點、內餡材料

● 杏桃乾

將杏桃切成二半後取出種子乾燥製成。甜點、糖漿、肉料理配料

美味的還原法

蜜李或杏桃泡在熱紅茶、葡萄乾泡在萊姆酒30分鐘～1小時，風味更佳。

熱紅茶

萊姆酒

葡萄乾

蜜李或杏桃

動手做做看

· 葡萄乾蛋糕

●材料＜2人份＞
蛋糕粉…1/2袋
葡萄乾…50公克（依喜好的量）
水或蛋…適量

①蛋糕粉添加標示的水量（或蛋）攪拌開來。加葡萄乾。

③平底鍋預熱，加油，烤蛋糕。

· 奶油起士蜜李

●材料
無種子的大粒蜜李…10個
奶油起士……………5大匙

蜜李用熱水還原之後，將奶油起士充填在種子的部位，整成圓形。

──食材入門──
加 工 食 品

使用新鮮食材是最基本的烹調重點，但是新鮮食材卻不是
隨手可得的。隨著食材加工技術的進步，不但延長了食材
的保存期限，也讓食材更方便使用。只要注意確認食品安
全，加工食品就是非常方便實用的食材。

罐頭食品——選購方法與烹調要訣

罐頭食品是長期保存食品中的代表。雖然罐頭食品的保存期限較長，但還是要注意閱讀標示，正確使用。

確認食用期限

※食用期限請參閱P.326

罐蓋上的數字就是保存期限。

■原料種類的記號

原料	記號
橘子	MO
桃子（白）	PW
桃子（黃）	PY
香菇	BS
豌豆	PR
豬肉	PK
牛肉	BF
美式香腸	SG
鮪魚	AC
帝王蟹	JC
蛤蜊	BC

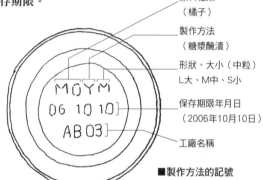

原料種類
（橘子）

製作方法
（糖漿醃漬）

形狀、大小（中粒）
L大、M中、S小

保存期限年月日
（2006年10月10日）

工廠名稱

※大部分的罐頭食品會在罐蓋印保存期限，在罐身印食用方法或成分等產品資訊。

■製作方法的記號

製作方法		記號
水產	水煮（生鮮充填）	N
	調味	C
	鹽漬	L
	橄欖油醃漬	O
	番茄醃漬	T
	燻製	S
果實	糖漿醃漬	Y
	固形充填	D
蔬菜	水煮	W
	調味	C
肉	水煮	N
	調味	C

食用期限「美味且可食用的期間」

並不是過期就不能食用，但是要確認下述幾項重點。

- □有無生鏽。
- □罐子有無鼓起。
- □按下是否陷落。

罐頭食品的3大禁忌

1. 生鏽　　2. 高溫（陽光直射）　　3. 溼氣

保存時避免高溫潮溼的環境。

286

開罐的技巧

● 肉類罐頭

沿著罐子周圍開比較容易。
開罐之前將罐子放進
熱水泡一下會比較
容易取出裡面
的食材。

最後,將罐子較大
的一側抽出。

● 水煮罐

先開一點將裡面的水
倒出來,以避免開罐
時裡面的食材流出來。

● 一般的罐頭

蓋子不要全部切開,
留下一點,這樣比較
容易掀開蓋子。

● 蘆筍罐頭

（參閱P.237）

動手做做看

·干貝蘿蔔沙拉

● 材料＜4人份＞
蘿蔔………1/2根
干貝罐頭…1個
美奶滋……3〜4大匙
醬油………少許

依喜好加醬油。

①打開干貝罐頭,將水
　瀝乾,放進碗裡。

②蘿蔔切絲,吃之前用
　美奶滋拌過。

·牛肉飯

● 材料＜2人份＞
牛肉罐頭…1個
冷飯………2碗
醬油………1大匙

①用平底鍋加熱牛肉罐頭。

②冷飯解凍後加入鍋內一起炒。

③完成後淋醬油即可食用。

瓶裝食品——選購方法與烹調要訣

與罐裝食品一樣是將食材密封殺菌後製成的加工食品。瓶裝食品會受到陽光照射的影響使內容物變色，了解特徵就可以安心食用。

食材 加工食品

確認食用期限

有6位數的標示也有8位數的標示

060520
（2006年5月20日）

2006.10.20
（2006年10月20日）

※有效期限請參閱P.326

● 保存的重點 ●

糖質容易受到陽光照射而變質，所以要保存於陰暗的場所。

糖漿煮汁、果醬

用清潔的筷子夾取。

● 瓶子打不開的時候

使用橡膠製的開罐器。

· 蓋子加熱。
· 開瓶器的柄等夾住蓋子和瓶子之間，讓空氣進去。

動手做做看

· 金絲菇義大利麵

●材料＜1人份＞
金絲菇瓶裝罐頭…1瓶
義大利麵…………約100公克
奶油………………1大匙

①煮義大利麵。（參閱P.149）
②煮好的麵加上金絲菇。
③拌奶油即可食用。

真空包裝食品——選購方法與烹調要訣

將食品完全密封後加壓加熱殺菌（真空殺菌）製成的加工食品。
目前市面上的真空食品種類愈來愈多樣化。

種類　別忘了確認食用期限！

· 平面真空袋

· 立體真空袋

· 真空盒包裝
· 微波爐專用
（無鋁箔包裝）

×有傷痕或是破損。
×鼓起。

美味的要訣

· 真空包裝的食品只要不開封就可以重複加熱，
　但是重複加熱以後味道會變差。
· 熱過之後，一旦開封就要一次食用完畢。

動手做做看

· 早上的稀飯　　食慾不好或生病的時候，稀飯是最好的食物！

● 材料
真空包稀飯…1袋
依喜好放入配料
┌ 梅乾
│ 關東煮
│ 醬菜
│ 小魚乾
│ 蘿蔔泥
└ 白煮蛋

①稀飯連袋子一起加熱。

②裝在碗裡，配上自己喜歡
　的小菜即可食用。

冷凍食品──選購方法與烹調要訣

為了能夠長期保存而採取急速冷凍方法製成的冷凍食品，是現代人飲食生活中的要角。一個人用餐時，冷凍食品是快速又方便的選擇。

食
材
加工食品

種類

● 烹飪素材
混合蔬菜
馬鈴薯
菠菜

● 甜點

● 半熟食品
可樂餅
炸蝦
豬排

● 熟食
冷凍蛋糕
水餃
焗烤類

購買的重點

從商店裡負18度以下的展示冰櫃中取出，確認食用期限！

○確認冷凍溫度為負18度以下。
×枯萎乾縮。

買好其他要買的東西，最後再買冷凍食品。

溫度指示線

包裝破損。

結霜。

內容物黏在一起。

美味的要訣

● 冷凍蔬菜

80%是經過燙煮後製成的。
不要過度加熱。

● 附有冰衣（一層薄冰）的海鮮類食品

水解凍後會出水，下面
墊紙巾吸收水分。

● 生魚片

半解凍狀態下
切片。

● 肉類

用微波爐解凍時，下面
墊筷子以減少肉品和微
波爐的接觸面。

保存

・解凍後不要再冰回去。

・以負18度以下保存。（1～2個月食用完畢）

・冰箱門貼「冷凍食品內容」的字條。

動手做做看

・煎冷凍漢堡

①漢堡不解凍直接放進平底鍋，每個加
　30cc的水，大火加熱。

②沸騰後加蓋以
　小火小加熱4～
　5分鐘，將湯汁
　倒出。

● 材料＜1人份＞

冷凍漢堡……1個
配料的蔬菜…適量
醬汁…………2大匙
番茄醬………1大匙
酒、醬油……少許

③兩面煎到肉汁滲出。

④取出漢堡，在鍋內的肉汁中
　加醬汁、番茄醬、酒，煮成
　泥狀。

⑤裝盤，漢堡淋上醬料。

速食食品——烹調要訣與輕鬆的烹調法

不費功夫馬上可以食用的速食食品，本來是軍中的戰備糧時。如今雖然不是戰時，市面上出售的速食食品更是種類繁多。

| 種類 | 確認食用期限！ |

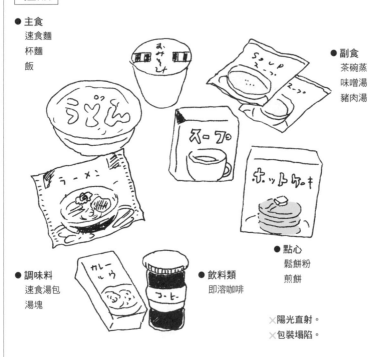

● 主食
速食麵
杯麵
飯

● 副食
茶碗蒸
味噌湯
豬肉湯

● 點心
鬆餅粉
煎餅

● 調味料
速食湯包
湯塊

● 飲料類
即溶咖啡

×陽光直射。
×包裝塌陷。

美味的要訣

· 常吃速食食品容易造成營養不均衡，所以要注意補充營養。
　速食麵+蔬菜　速食味噌湯+豆腐
· 組合搭配更能提升美味。
　炒飯+蛋　拉麵+蛋+叉燒肉
· 自己調味，更加美味。
· 保存在陰暗的場所。

輕鬆的烹調法　快速的增加營養、增加美味！

● 即時烏龍麵

●材料＜1人份＞
冷凍烏龍麵…1袋
蘿蔔泥………足夠的量
柴魚包………1袋
蔥……………適量

①燙煮冷凍烏龍麵。　②放上蘿蔔泥。　③加上蔥等佐料菜，再加柴魚。

● 麻糬雞蛋鹹粥

①小先把水燒開，加入速食包裡的湯料。
②用烤箱烤麻糬。
③加上蔥等佐料菜，再加柴魚。

●材料＜1人份＞
速食湯料包…1袋
冷飯…………1碗
麻糬…………1～2個
蔥、魚板、香菜…適量
蛋……………1個

④煮開以後，鍋裡打個蛋，加熱約1分鐘。

● 速食食品 ●

方便也有缺點

想吃的時候馬上可以上桌，這是速食食品方便的地方。

但是熱量或脂肪過量，很容易造成營養失衡，所以經常食用會引起營養不均衡的結果。

皮的包法───餃子、燒賣、餛飩

●餃子

①皮的周圍
沾水。

②中央放1匙餡料。

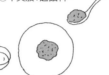

③對折，正中間壓下，
捏緊。

④對著自己的這一面向中間
擠捏，左右做出2～3褶。

●餡料＜1袋麵皮的分量＞
豬絞肉……200公克
白菜（或高麗菜）
…………3～4片（切碎）
醬油………1大匙
生薑………1節（磨成泥）
酒…………1大匙
麻油………2大匙

＜烹調法＞
煎、煮

●燒賣

①把食指和姆指圍成一
個圈，餛飩皮放在上
面，中間加一匙餡
料。
②用奶油刀向下推入，
表面壓平。
③底部輕輕壓平，食指
與姆指的圓圈輕輕整
成圓形，然後放一顆
豌豆在上面。

餡料多一點

餡料太多就
鏟平

把麵皮放在小酒
杯裡，也可以輕
鬆做出燒賣。

●餡料＜1袋麵皮的分量＞
豬絞肉…………250公克
洋蔥……………1個（切碎）
還原的乾香菇…2～3個（切碎）
燒賣皮…………1包
豌豆……………適量
醬油……………1大匙
麻油……………1小匙
太白粉…………3大匙

＜烹調法＞
蒸

●餛飩

加1匙餡料

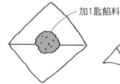

①皮的周圍沾水，
中間加餡料。

②對折成三角形，
壓緊，皮捏緊。

③兩邊沾水折起。

●餡料＜1袋麵皮的分量＞
豬絞肉……200公克
青蔥………1/2根
生薑………1節（磨成泥）
酒…………1大匙

＜烹調法＞
煮湯、油炸

調 味 料

食材本身的品質很重要,調味時不可或缺的調味料更是烹飪的魔法師。只要在用量或用的時間點上稍加一點巧思,就能讓烹調出的菜餚風味完全不同。

鹽──────主要作用與使用的要訣

鹽在古代曾經是代替金錢用來繳稅的重要物資。現在，鹽更是我們生存不可或缺的食材。

種類與特徵

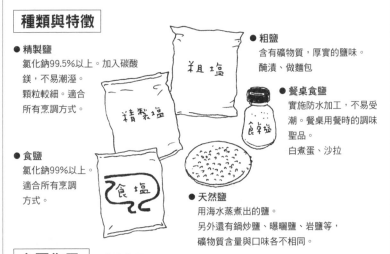

● **精製鹽**
氯化鈉99.5%以上。加入碳酸鎂，不易潮溼。顆粒較細。適合所有烹調方式。

● **食鹽**
氯化鈉99%以上。適合所有烹調方式。

● **粗鹽**
含有礦物質，厚實的鹽味。醃漬、做麵包

● **餐桌食鹽**
實施防水加工，不易受潮。餐桌用餐時的調味聖品。
白煮蛋、沙拉

● **天然鹽**
用海水蒸煮出的鹽。另外還有鍋炒鹽、曝曬鹽、岩鹽等，礦物質含量與口味各不相同。

主要作用　鹽的作用！

1. 抑制微生物

2. 去腥味
魚或肉
（參閱P.57）

3. 讓食物的色澤更鮮豔

4. 去苦味

5. 去水分

6. 調味

7. 去刺
秋葵等

8. 增加麵粉的黏性
做麵包

9. 去除滑膩
地瓜等

● **什麼是1%的鹽？** ●

材料100公克中含鹽1公克=1%的鹽

用鹽調味時…

鹽1公克	醬油7公克	味噌8公克
（1/5小匙）	（1小匙以上）	（半大匙以下）

※參閱P.86「調味料與鹽分的比例」

調味料

糖───主要作用與使用的要訣

最常用來做調味用的糖是砂糖，是從甘蔗提煉而來。另外，甜菜也是糖的主要來源。

種類與特徵

● **細砂糖**
去除不純物質製成的白蔗糖，容易溶解。
料理、甜點、飲料

● **三溫糖**
純度較低，但是甜味濃郁。
煮湯、關東煮、傳統甜點

● **冰糖**
砂糖粗結晶製成的。
溶解較慢，適合做水果酒等。

● **白糖**
純度高，無色透明。
飲料、甜點。

┌─ ● **變硬的話……** ● ─┐
將麵包或是柑橘類的皮（白色的部分向下）放在砂糖上面，放置約1天即可溶解。
放在密閉容器中可防止變乾硬。
└────────────┘

● **極細砂糖**
甜味清爽。
飲料

● **黃糖**
白糖染成黃色的黃糖，適合用來增添顏色與風味。
煮菜、糖果

主要作用

1. 產生甜味

2. 增添色澤感

3. 不易腐敗

4. 讓食材產生燒烤的顏色

5. 讓肉變軟

加熱溫度與變化

加熱變化（度）

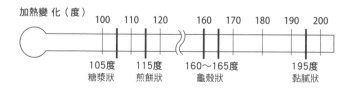

100　110　120　　160　170　180　190　200

105度　　115度　　160～165度　　　　　195度
糖漿狀　　煎餅狀　　龜殼狀　　　　　　黏膩狀

味噌——主要作用與使用的要訣

大豆、米、麥的麴發酵製成的調味料，依照麴的種類可以分為米味噌、麥味噌、豆味噌。麴愈多愈甘甜。

調味料

種類與特徵

● **麥味噌**
使用大麥或裸麥的麥麴為原料，其中混合大豆與鹽發酵製成。

● **米味噌**
使用米麴製成的味噌。80%的味噌是米味噌。信州味噌、仙台味噌、越後味噌等

● **豆味噌**
用豆麴加鹽熟成製作味噌。八丁味噌、三州味噌等

〈味噌的種類與特徵〉

種類	名稱	麴	食鹽（%）
甜味噌	西京味噌	米	5～7
辣味噌（白）	信州味噌	米	11～13
辣味噌（紅）	仙台味噌、越後味噌	米	11～13
麥味噌	田舍味噌	麥	10～12
豆味噌	八丁味噌、三州味噌	豆	10～12

主要作用與使用的要訣

· 搭配魚肉使用可以消除腥味。
· 加熱時間太長會失去香味。
· 搭配2種以上的味噌使用，味道會濃郁。
· 顆粒狀的味噌先研磨後再使用。
· 表面用保鮮膜包好，保存於陰暗的場所。

表面壓緊。

動手做做看

· 味噌豬肉

①豬肉用紙巾包住，放置約20～30分鐘。

●材料 豬肉片…依人數需求
味噌底料（味噌2：味淋1：糖1）
…可以蓋過豬肉的量（味道依喜好調整）

味噌底料

燒烤紙

②豬肉浸在味噌底料中，放進密封袋，冷藏在冰箱數日。
白味噌3～4天　紅味噌1～2天

③用手取出味噌鋪在燒烤紙上，燒烤豬肉。

醬油———主要作用與使用的要訣

大豆發酵製成的醬油具有增添美味、色澤、香味、鹹味的作用，是中式、日式料理不可或缺的調味料。

種類與特徵

- **一般醬油**
  我們平常使用的醬油，適合各種烹調方式。

- **白醬油**
  短期熟成，顏色較淡的醬油。
  甘味、香味俱佳。
  湯的調味、茶碗蒸

- **薄鹽醬油**
  顏色較淡，鹽分含量較低，適合用來增添食材顏色。
  湯的調味

- **壺底油**
  顏色深濃，鹽分、香味都較淡。
  適合做照燒或沾醬。

- **再發酵醬油**
  一般醬油加入麴再發酵製成的。顏色、味道都較濃。
  生魚片

主要作用

1. **讓食物呈現深濃的顏色或增添香味**

   炒飯最後從鍋邊加入醬油。

2. **讓食材表面呈現光澤**

   牛蒡等

3. **延長保存期限**
   醬油醃漬等

4. **增添香味**

   烤魚要食用時，加一點醬油。

使用的要訣

- 容易滲入食材讓食材凝固，所以儘量在最後再加。
- 和昆布或柴魚一起使用，更能增添風味。
- 與空氣接觸氧化時，風味會變差，一開封就要放進冰箱。
  留下大約1個月的使用量可以隨時使用。

醋———主要作用與使用的要訣

醋是酸味的調味料。但是不僅是酸味，還具有消除造成身體疲累的乳酸及殺菌等各種功能。

調味料

種類與特徵

● **釀造醋**　以穀物、果實、酒精為原料，醋酸發酵製成的。

<穀物醋>
以米、玉米、小麥等穀物為原料製成，適合各種烹調方式。

・米醋
以米為原料，口感溫順。
醋味料理

<水果醋>
・蘋果醋
以蘋果汁或蘋果酒為原料。酸味清爽。
西式料理、飲料

・黑醋
完全熟成製成的，顏色深濃。
調味料、沾醬

・糙米醋
以糙米為原料。
醋味料理、飲料醋

・柑橘醋
有酸味的柑橘類榨汁，代替醋使用。
火鍋、日式沙拉

● **進口醋**

・義大利黑醋
以葡萄果汁或酒為原料。
沙拉醬、沾醬

・巴薩米可黑醋
義大利黑醋的一種。
使用木桶培養熟成，香味最豐富的醋。

● **合成醋**
釀造醋50%以上。

● **加工醋**
・水果加工醋
・調合醋

主要作用

1. 殺菌

浸醋等

2. 產生酸味

醋味料理等

3. 漂白

蓮藕等

4. 防腐

酸黃瓜等

5. 防止破壞維生素C

蘿蔔泥等

6. 讓食材變軟

煮昆布等

7. 讓蛋白質凝固

白煮蛋、荷包蛋

8. 去滑
地瓜等

9. 去除澀味
牛蒡、獨活

10. 增添色澤
生薑、醋漬梅乾

使用調味料時

●善加利用調味料！ 調味的要訣

1. 味道要平均滲入食材裡外的燉煮食物時，要等到食材都變軟之後再加調味料。

2. 芋類等味道不易滲入的食材，儘早以調味汁液熬煮。

3. 果醬或煮豆等需加入大量砂糖時，為防止快速脫水，分數次加入。

4. 味道可以不滲入食材的肉類烹調或烤魚時，在燒烤前再調味。

5. 味道要滲入食材的油炸食物時，要先將食材浸泡在調味汁液中，讓味道深入食材再烹調。

6. 為了去腥使用味噌時，要一開始就加入。

7. 要產生香味時，最後再放。

8. 糖比鹽先加入。因為糖分子較大，滲透較慢。

分數次加入糖。

果醬或煮豆

燒烤數分鐘之前再灑鹽。

燒烤魚

動手做做看

・連骨頭都軟嫩的醋燒沙丁魚

① 沙丁魚去頭與腸（參閱P.176），昆布加入鍋中。

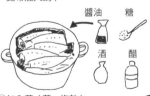

醬油　糖

酒　醋

② 加入蔥（薑、梅乾），加入攪拌均勻的調味液，加入醋。

●材料＜4人份＞
沙丁魚…5～6尾
昆布…約15公分
青蔥…2根（切成5公分長度）
依喜好加入薑絲或梅乾
醋…1/2杯
調味液 ｛ 醬油、糖、酒…各1/2杯
　　　　 沙拉油…1/3杯

③ 大火煮開後關小火，蓋鍋蓋煮1～2小時，慢慢煮，煮到湯汁變少。

油──主要作用與使用的要訣

油分為動物性與植物性兩種，這裡要告訴大家如何分別使用各種油脂及使用的要訣。

調味料

種類與特徵

● **植物性**　以穀物為原料的油品

・沙拉油
用種子油或大豆油等2種以上的原料混合製成的油。

・棉實油
從棉花的種子榨取的油脂，有濃度。
搭配沙拉油、美奶滋、醬汁使用

・橄欖油
從橄欖的果實榨取的油。
義大利料理、炒菜、沙拉醬

・麻油
香味濃郁。
炒菜、天婦羅

・玉米油
玉米胚芽製成的。
不易氧化。
醬汁、醃漬、油炸

・葵花油
原料來自於向日葵的種子。
煎、煮、炒菜

● **動物性**

牛的脂肪、豬的脂肪、魚的脂肪等含卡洛里。

主要作用

1. 增添風味，口感滑順
　　炒菜

2. 高溫短時間的烹調
　　油炸、炒菜

3. 防水

4. 做成奶油
　　鮮奶油、冰淇淋

5. 防止沾黏
　　炒肉之前先拌一下。

三明治的底層奶油

油脂類的處理重點

・避免陽光直射與高溫。
・不要與空氣接觸。
・點火不要超過200度以上。
・廢油會阻塞排水管，不要用水沖。
　報紙吸乾之後，放入可燃性垃圾。

●「油」與「脂」的不同●

常溫下固態的是「脂」，液態的是「油」。
「脂」大多是動物性，「油」大部分是植物性。
攝取的標準比例
植物性2：動物性1

美奶滋———使用的要訣

適合拌蔬菜、魚、肉等各種料理。你也可以試看看用蛋、油、醋自己動手做美奶滋。

種類

● 瓶裝
比塑膠管裝的保存效果更好。

● 塑膠管裝

保存

開瓶後容易氧化，蓋子要蓋緊放在冰箱保存。
0度以下、30度以上會產生分離的狀態，
要特別注意。

●如何利用剩下的美奶滋●

沙拉油與醋依喜好的分量加入，蓋上瓶蓋，上下搖動。

這樣就可以變成
沙拉美奶滋沾醬。

動手做做看

· 自製美奶滋

①蛋黃與鹽放在碗裡，打到蛋黃變硬。

②油分一半，慢慢加入，依相同方向攪拌。

③醋加1～2滴，充分攪拌，油像拉絲般一點一點加入，再攪拌。重複做一次。

●材料

蛋黃…1個	沙拉油…1杯
醋……1大匙	鹽………1小匙
糖……少許	

「加料美奶滋」 各種美奶滋醬

· 塔塔醬

+白煮蛋、洋蔥、
荷蘭芹切碎
炸海鮮的沾醬

· 辣美奶滋

+芥末、鰻魚等
搭配炒豬肉或三明治

· 薄荷美奶滋

+胡椒粒、迷迭香等
搭配煎魚

● 不失敗的要訣 ●

1. 使用新蛋並保持常溫
2. 油一點一點的加
3. 以同方向打蛋

醬汁———使用方法與手工醬汁

說到醬汁，大家就會想到牛排醬（梅林辣醬油）或豬排醬等。和食材一起燒煮的汁液或燒烤時的沾醬都是醬汁。這裡要告訴烹飪的初學者如何分辨使用醬汁，以及如何自製醬汁。

種類與特徵（市面販售的醬汁）

● **梅林辣醬油**
　蔬菜、水果、醋、糖等加入調味料與辛香料熬煮的醬汁。

● **中濃醬汁**
　梅林辣醬油與豬排醬調合後，味道與濃度介於二者之間。
　炸食、西式餐點

● **番茄汁（膏狀）**
　將番茄濃縮汁煮成膏狀。水分變少，方便使用。
　燉煮、法式開胃小菜

● **番茄汁（素材）**
　番茄加熱或是生番茄壓榨製成的番茄濃縮汁。不要調味料，可以當成素材使用。
　肉類醬汁、湯

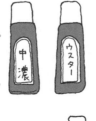

● **豬排醬（濃醬汁）**
　濃厚有甜味。
　豬肉料理

● **番茄醬**
　番茄醬汁的代表。
　在番茄汁中加入辛香料或是鹽、糖、醋、洋蔥、大蒜等，濃縮製成。
　蛋料理、肉料理

● **辣椒醬**
　番茄汁加辣椒、鹽、醋等。
　章魚料理、披薩

● **白醬**
　使用奶油、麵粉、牛奶做成的醬汁。
　焗烤、燉煮

使用的要訣

・番茄醬只要開蓋以後就要放進冰箱冷藏。
・番茄汁或是番茄醬汁容易腐壞，開蓋之後要儘量用完。
・梅林辣醬油加番茄醬即可做成棕色醬汁。
・剩下的番茄汁煮過可以延長保存數日。

調味料

向手工醬汁挑戰

一次做好、放進冰箱即可隨時取用。

● 棕色醬汁

①奶油溶化在單柄鍋中，小火炒洋蔥炒到變成透明色。

②撒上麵粉，炒到變成透明色。

● 材料
洋蔥…………1個（切絲）
（荷蘭芹或是胡蘿蔔切碎）
麵粉…………4大匙
西式醬汁……4杯（湯塊1個）
紅酒…………1杯　奶油…2大匙
番茄汁………1/2杯
梅林辣醬油…2大匙
月桂葉………1片　糖…1大匙
鹽、胡椒……少許

※燉肉或蓋飯

③剩下材料除了糖、鹽、胡椒以外全部加進去，小火煮到剩一半的量。

④過濾後加糖、鹽、胡椒調味。

● 白色醬汁

①奶油溶化在單柄鍋中，加入麵粉，小火攪拌避免焦掉。

②攪拌2～3分鐘直到麵粉完全均勻、沒有麵粉塊之後，關火。鍋子放在溼布上，加入牛奶。

● 材料
奶油………2大匙
麵粉………2大匙
牛奶………2杯
鹽、胡椒…少許
（也可加白酒…少許）

※奶油燉肉、焗烤、起士焗烤或義大利麵等

MILK

用打蛋器快速攪拌。

③小火，用打蛋器快速攪拌避免結塊。等到滑順之後用木杓攪拌，加胡椒與鹽，煮成泥狀。
（加白酒味道更濃郁）

味淋、料理酒——主要作用與使用的要訣

酒不是只能喝，也是非常好的調味料。日式料理不可或缺的就是「味淋」，它和酒精類調味料不同。台式料理則多使用「米酒」來調味。

種類與特徵

● **純味淋**
糯米與米麴或燒酒混合熟成。標準純味淋的酒精成分是13%。

● **味淋風調味料**
在濃的糖類液體中加入調味料，與味淋相似。酒精成分只有1%，顏色與味道效果較低。

● **料理酒**
酒精成分與日本酒不相上下。因為已經添加2%鹽，不適合飲用。

● **料理用白酒**
西式烹飪中經常加酒，料理酒是西洋料理不可缺少的調味料，其中也有加入鹽分的料理酒。

● **米酒**
以米為原料，甜味較少，可以讓食材變軟，具有去腥的功能。

主要作用

1. 防止煮碎

酒精具有讓材料緊實的功能。
有些食材加了酒會變得較硬。

2. 產生光澤

與醬油反應會產生漂亮的燒烤光澤。

3. 讓食物更甘甜

糖		味淋
1小匙		3小匙

 =

甜味是糖的1/3。

4. 去腥味

酒有消除魚腥味的功能，即使煮過效果還是可以持續。

5. 增加美味

具有糖沒有的美味成分。

● **純味淋酒的煮法** ●

酒精成分較高時會讓食材變硬，煮一下讓酒精揮發掉。
（參閱P. 31「燒酒」）

中式調味料———種類與特徵

中式料理使用調味料，種類繁多。這些能增添色香味的調味料，在一般的超市都能買到。

種類與特徵

● XO醬
用干貝或中式火腿、辣椒熬煮出濃郁口味的混合調味料。
濃湯、炒麵、炒菜

● 辣油
麻油加辣椒製成的。適合做一般麵食點心的沾醬。

● 海鮮醬
用貝類煮過之後濃縮加調味料製成的醬汁。
少量即可產生獨特風味的醬汁。開封之後要密封放進冰箱保存。
炒菜

● 甜麵醬
麵粉加麴發酵製成的，有甜味的醬料。
炒菜、燉煮

● 豆瓣醬
蒸過的毛豆發酵後加辣椒和小麥等做成的辣椒醬。
炒菜、拌菜、湯汁加味

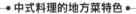

● 中式料理的地方菜特色 ●

上海菜：著重於食材原味，顏色較淡白，偏甜味的煮法。
四川菜：使用豆瓣醬與著重辣味。
廣東菜：使用魚貝類製成的醬汁調味，幾乎所有肉類食材都可入菜，變化豐富。
北京菜：大多是大火快炒。最有名的是北京烤鴨。

動手做做看

· 中式醬味的高麗菜炒豬肉

①用沙拉油炒豬肉與高麗菜，炒到豬肉變白色。
②大火炒蔥與蒜，加調味料@，再用醬油與糖調整味道。
③將①倒回，搖動鍋子讓菜入味，並且收乾水分。

● 材料＜2人份＞
高麗菜…… 4～5片
豬里肌肉…肉絲200公克
大蒜…1瓣（切碎）
青蔥…1根（切碎）
調味料 ⎧ 甜麵醬…1大匙
@ ⎨ 豆瓣醬…1小匙
　 ⎩ 酒………2大匙
　　　醬油……1大匙
　　　糖………2小匙

辛香料（香草與辣味植物）————靈活運用的方法

辛香料是使用具有濃郁味道的植物葉子或根部製成的，只要一點點就能讓食物具有獨特風味。

辛香料分為生鮮使用的與乾燥後使用的。

調味料

作用與種類

1. 增添香味

肉桂　八角　香草　香菜　大蒜　五香　薄荷　羅勒（九層塔）　肉豆蔻　丁香

2. 消除臭味

百里香　薄荷　茴香　月桂（切幾道刀痕再用。）　鼠尾草　甜墨角　迷迭香　生薑　牛至

使用的要訣

· 生鮮使用的草本植物要洗淨、瀝乾再使用。

· 第一次使用時，少量使用。

· 先從胡椒、蒜、肉豆蔻等開始使用。

· 學會如何使用以後再混合其他辛香料一起使用。

· 香料植物保存時用紙巾包起來，
　置入密閉容器裡放進冰箱。

● **直接使用**

去除魚肉的臭味或是醃漬。
（以原來的形狀壓碎使用）

● **香料包**

熬煮咖哩或燉肉等料理
時，或是炒菜時使用。

● **加工辛香料**

胡椒、乾燥羅勒或蒜粉
等，可以用來調味或增
添食物美味使用。

3. 辣味辛香料

辣椒　　小辣椒

黃芥末子

胡椒粒
（黑、白）

生薑　　山椒果實

4.增添色彩

紅椒（粉末）
增添紅色。

番紅花
（花的雌蕊乾燥製成）
增添黃色。

薑黃（粉末）
咖哩的黃色。

5. 日式料理用的辛香料

紫蘇穗　紫蘇葉　　　　山椒果實　　芥末（山葵）

山椒葉　　　　生薑　　　嫩蔥　　日本薑
（茗荷）

動手做做看

用剩的草本植物就可以做了

· **草本醋**

百里香、迷迭香、薄荷等加入
酒醋中，烹調魚貝類時，可以
消除腥味，做出清爽的口味。

· **草本油**

橄欖油中加入一點羅勒、
蒜、胡椒。可沾麵包食用。

沙拉醬汁———靈活運用的方法、作法

搭配生菜的沙拉醬汁，是讓沙拉可口的重要角色。妥善運用沙拉醬汁，就能輕鬆達到增添菜餚美味的目的。市面上可以買到各種沙拉醬汁，但是自己動手做更具有獨特風味。

調味料

種類與特徵

● 法式沙拉醬
  最基本的沙拉醬。
  沙拉油加白醋調製
  而成。不論生鮮蔬
  菜或魚貝類都適合。

● 義式沙拉醬
  橄欖油加羅勒
  與番茄等。

● 日式沙拉醬
  使用米醋與醬
  油製成。

● 中式沙拉醬
  使用麻油與芝
  麻調製而成。

法式沙拉醬的做法

● 材料
沙拉油……………150cc
醋……50cc　鹽…1小匙
胡椒…少許　糖…少許

①醋中加鹽、胡椒、糖，搖動溶解。
②加入沙拉油中，充分搖動。
※要吃之前再加在沙拉上。
  保存在冰箱裡。

動手做做看

· 分量十足的炸雞塊沙拉

①炸雞塊用微波爐加熱。
②將洋蔥放在炸雞塊上面。
③黃芥末醬與法式沙拉醬汁
  拌在一起，淋在炸雞塊上
  即可食用。

● 材料＜4人份＞
炸雞塊（冷凍）…8～10個
洋蔥………………1個（切絲）
黃芥末醬…………1大匙
法式沙拉醬汁……適量

醬汁的作法

法式沙拉醬加入其他調味料即可製成各種不同口味的醬汁。

● **義式沙拉醬汁**　　法式沙拉醬　　＋　橄欖油1大匙　＋　番茄1個　＋　蒜　羅勒
　魚貝類的沾醬　　　1/2杯　　　　　　　　　　　　　（切碎）　（切碎）少許

● **荷蘭芹醬汁**　　法式沙拉醬汁　＋　荷蘭芹
　章魚沙拉等　　　1/2杯　　　　　　（堆成小山狀）

● **起士沙拉醬**　　法式沙拉醬汁　＋　巴馬乾酪2大匙　＋　美奶滋2大匙
　萵苣的凱薩沙拉　1/2杯　　　　　　　　　　　　　　　（泥狀）

● **優格醬汁**　　法式沙拉醬汁　＋　輕優格1/4杯　＋　鹽少許
　胡蘿蔔沙拉　　1/4杯

● **梅子醬汁**　　法式沙拉醬汁　＋　梅子大1～2個　＋　糖少許
　蘿蔔沙拉等　　1杯

● **美奶滋醬汁**　　法式沙拉醬汁　＋　美奶滋1/4杯
　蝦沙拉　　　　3/4杯

● **曙光女神沙拉醬**　法式沙拉醬汁　＋　美奶滋　＋　番茄醬　＋　鹽、胡椒少許
　通心粉沙拉　　　　1大匙　　　　　　1/2杯　　　2大匙

● **日式醬汁**　　沙拉油　＋　醋1/4杯　＋　醬油　＋　鹽、糖少許
　涮涮鍋的肉與沙拉　3/4杯　　　　　　　　　2大匙

● **芝麻醬汁**　　日式醬汁　＋　磨過的芝麻（或是芝麻醬）
　燙蔬菜沙拉　　1/2杯　　　　　　2～3大匙

● **中華醬汁**　　沙拉油　＋　麻油1/4杯　＋　醋1/4杯　＋　醬油2大匙
　雞絲沙拉　　　1/2杯

地方特色調味料與食材──種類與使用方法

地方特色料理指的是東南亞或是非洲、中南美洲等民族的料理，具有獨特風味或使用獨特口味的香料。

調味料

種類與特徵

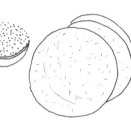

● 非洲

庫斯庫斯
麵粉做成顆粒狀，蒸過乾燥後製成的食物。可以淋上肉或魚熬煮的醬汁食用。

● 中南美

墨西哥玉米餅
玉米粉做成的薄片餅。裡面可以包各種食材食用。

莎莎醬
墨西哥的辣醬。
墨西哥餅、肉料理

● 東南亞

米紙
以米粉為原料，用水沾溼，剝開食用。

魚露
鹽漬小魚製成的薄水狀醬汁。泰國料理必備的醬汁。

椰奶
椰子的胚乳加水製成。
咖哩、甜點

古瑪沙拉
印度品牌的辣醬。
咖哩、肉料理

動手做做看

‧越南春捲

① 米紙兩面噴水，一張張撕開。
② 煮豬肉與豆芽、米粉用熱水燙過，切成約5公分長度，韭菜也切成約5公分。
③ 把餡料放進米紙中間。
④ 將醬汁料調拌在一起，放進微波爐中加熱約10秒。

米紙

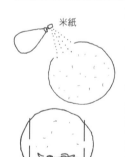

● 材料 ＜4人份＞
米紙…約8片　涮豬肉…100公克
米粉…一小撮　豆芽…1/2袋
韭菜…適量
醬汁　赤紅味噌…1～2大匙
　　　糖…1～2大匙
　　　醋…1大匙
　　　蒜泥…1小匙
　　　味淋、辣油…少許
　　　依喜好加魚露…少許

春捲沾醬汁食用。

飲 料

一杯熱騰騰的紅茶，配上點心，來個優閒的下午茶如何？
飲料是人體補給水分不可或缺的重要食品，但是現在市面
上出售的飲料大多含有大量的糖分，過度攝取反而有礙身
體健康。

日本茶———好喝的沖泡法

種類眾多的日本茶，除了一般常見的煎茶之外，還有玉露、烘焙茶、抹茶等。每種茶葉都有最適合的沖泡方式，這裡就來介紹日本茶的泡法。

什麼是日本茶？

日本茶是將茶葉的嫩葉與芽蒸煮後乾燥製成的。

日本茶的3大成分包括兒茶素、咖啡因、茶氨酸，除此之外還含有維生素C及B群、礦物質。具有除臭效果與防癌效果。

● 保存的要訣

最怕與空氣接觸及高溫。

開封後要注意隔絕空氣，將袋口折緊後放進茶葉罐中保存。長期保存時，密封後冷凍保存。裝進罐裡，當茶葉量變少以後，中間再加個蓋子壓緊，再蓋起來，徹底隔離空氣是茶葉保存的重點。

飲料

煎茶的泡法

煎茶是日本茶的代表，喜歡茶苦味的人以80～90度的高溫水沖泡，喜歡甜味的人以50～60度水沖泡。

①放進茶葉。

每人份約3公克。

②壺中加熱水約八分滿。

先把水倒進杯中，水溫稍低之後再灌進壺中，這樣比較能夠帶出甘甜味。

③悶2～3分鐘再注入杯中。

倒到一滴不剩再回沖。

飲用時雙手握住茶杯慢慢喝。

玉露的泡法

玉露就如同其名，味道與香味都非常甘甜。泡茶的要訣是低溫慢慢沖泡。

①沸騰的開水倒進壺中，先溫壺。
②將熱水注入杯中，先溫杯。
③將杯中的水移到茶盅中降溫。
④在壺中加入每人約3公克的茶葉，從茶盅中將水倒入。
⑤等待2～3分鐘後，倒入杯中。

小杯
沒有小杯時，可以使用小酒杯代替。

茶盅
降低水溫用的。

烘焙茶的泡法

茶葉使用大火烘焙製成的。
使用高溫的熱水才能帶出
茶香味。
直接將沸騰的開水注入壺中。

倒入沸騰的開水約
悶個1分鐘左右，
再倒進杯中。

先溫壺與杯。

抹茶的泡法

茶葉蒸煮乾燥後製成粉
末。不必拘泥於規矩，
自己大膽試試如何泡茶。

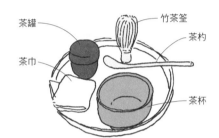

茶罐
竹茶筅
茶勺
茶巾
茶杯

①茶杯中加入熱水，用竹茶筅刷一下。

②倒掉熱水，用茶巾擦乾水分。

③加入茶杓約1杓半的抹茶粉。

④加入熱水（80～90度）約40～50cc。（大約3口的量）

⑤竹茶筅垂直，快速前後攪拌打出泡沫。秘訣是手腕快速用力。

快速前後攪拌。

喝的時候，先吃一點甜點再喝3口。使用有漂亮圖案的茶杯，圖案轉到前面，喝的時候避開圖案。

動手做做看

· 即席烘焙茶

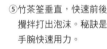

將受潮的茶葉放在平底鍋中用爐火烘焙，這樣舊茶就可以變成好喝的烘焙茶。
烘茶時散發的茶香味，會讓房間變得芳香宜人。

咖啡──好喝的沖泡法

從古至今咖啡特殊的香味一直吸引著人們。咖啡中含有咖啡因，可以提振精神、減輕疲勞，還有幫助消化的功能。

咖啡豆烘焙得愈淺，咖啡因愈高。

也有低咖啡因的咖啡。

用沸騰的水沖泡。

咖啡
要用深杯飲用。

沖泡咖啡的方法（日式濾泡法）

水流過濾紙的速度非常快，所以要慢慢的注水。

① 磨好的咖啡豆每人份約1匙。

② 熱水燒開，注入咖啡豆。

要訣　濾紙可以兩張疊在一起使用。

③ 從中心向外畫圓圈的方式慢慢加入熱水。沖到起泡泡，這樣香味更濃郁。

④ 溫杯後再注入咖啡。

端杯子時使用自己慣用的手，調羹用完放在杯後。
飲用時不要出聲。
端咖啡杯時不要翹起小指。

● 如何沖泡好喝的三合一咖啡

· 熱水沖好的三合一咖啡，再放進微波爐中加熱30秒。

粉末全部溶解，味道更香濃。

· 用鍋子燒咖啡水時，沸騰前關火。

紅茶──好喝的沖泡法

要放鬆心情的時候，來杯加果汁的熱紅茶如何？

紅茶是茶葉發酵製成的，含有丹寧酸、咖啡因與少量的維生素B群。

茶葉裝入罐中以防止潮溼，並且在6個月以內使用完畢。

茶袋保存於密閉容器內，於3個月以內使用完畢。

紅茶用淺杯品嚐。

紅茶的沖泡方式

用剛汲取的水才能沖泡出好喝的紅茶。
水中的空氣可以帶出紅茶的香味。

① 熱水沸騰2～3分鐘。

② 溫壺與溫杯。

③ 將茶葉放進壺中。
1茶匙茶葉×人數＋1茶匙的茶葉

④ 將熱水一次注入壺中，茶葉較少時悶2～3分鐘，較多時悶3～4分鐘。

⑤ 使用濾茶網將茶水倒進杯中，再依個人喜好加入奶精、糖、檸檬等。

● **冰紅茶**

減少熱水的量，做出比熱紅茶濃2倍的紅茶，壺中先加入冰塊再加入紅茶。

● **茶袋**

用盤子當杯蓋悶住。

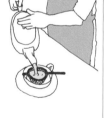

花茶的沖泡方法

薄荷、鼠尾草、洋甘橘、檸檬草、木槿等都可以泡成花茶，不論乾燥或生鮮都可以使用。
泡花茶時使用玻璃或陶器等非金屬的茶壺。

生鮮的花草輕輕用手搓揉，依喜好調整用量。

注入熱水，悶3～5分鐘。

飲用水———妥善處理的方法

為了確保飲用水的安全，大家對於自來水、水源保護及水質管理的期待愈來愈嚴格。雖然市面上到處都可以買得到礦泉水，但使用礦泉水之前，還是必須了解安全用水的原則。

水是被污染的

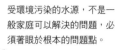

受到工廠排水或化學肥料、農藥等污染的水，含有許多有機物（腐植酸）。這種物質與自來水消毒用的氯反應後，會產生一種被稱為三氯甲烷的致癌物質。為了消毒愈來愈污濁的水，氯的用量也愈來愈大。

受環境污染的水源，不是一般家庭可以解決的問題，必須著眼於根本的問題點。

● 如何去除三氯甲烷

水沸騰15分鐘以上，具有去除氯及三氯甲烷的效果。

礦泉水的種類與選購方法

雖然統稱為礦泉水，但是有些瓶裝水含有礦物質，有些瓶裝水卻只是把自來水裝在瓶裡就稱為礦泉水，選購時要多加注意。

● 天然水

就如同原本不殺菌即可飲用的天然水一般，經過謹慎的環境管理後取得的原水。自來水廠的水必須經過沉澱、過濾、加熱殺菌後才能回到天然水的潔淨狀態。歐洲有些國家設有嚴格的水源保護計畫，天然水可生飲。

● 礦泉水

汲取地下礦物成分的地下水。地下水又分為礦物成分較多的礦泉水與較少的天然水。

＜礦泉水的分類＞

天然水	以採自特定水源的地下水為原水，不經過沉澱、過濾、加熱殺菌以外的處理。
天然礦泉水	天然水中，溶解出地層中礦物質的地下水。
礦泉水	以天然礦泉水為原水，經過礦物調整及混合複數礦泉水製成。
瓶裝水 飲用水	不是天然水、天然礦泉水、礦泉水，而是人工處理的水。

飲料

飲食的安全與健康

為了將世界各地的食材送到我們的餐桌前面，保持食物顏色、味道的新鮮度，食物中會添加各種藥品或是使用各種防腐的方法。

現在這個時代雖然品嚐各地的美食是件容易的事，但也因此要特別注意飲食的安全。為確保飲食的安全，必須具備基本的知識與智慧。

農藥與化學肥料——辨識與去除的方法

「農藥」使用的目的，是為了殺死作物上的害蟲或抑制雜草叢生；而促進作物生長使用的是「肥料」。農藥或是化學肥料會影響人體的健康，所以我們自己必須懂得如何保護自己。

看清楚標示

● 什麼是有機農產品

「原則上不使用化學肥料與農藥」「2年以上不使用禁用的農藥或化學肥料的水田或旱田栽培的農作物」等，才可以貼上政府核可的「有機農產品」標章。

有機JAS標章

● 什麼是特別栽培農作物

使用化學肥料或農藥的量低於過去用量50%的農作物。必須經過政府認證。

特別栽培農產作物認證標章
（例：東京都）

● 環保農場

使用堆肥或擬定減少化學肥料及農藥計畫，並以減少二成以上為目標的農場。必須經由政府認證。

環保農場標章。

農藥的去除方法

1. 用水沖洗

水溶性農藥可以大量的水沖洗乾淨。

2. 去皮

3. 油溶性的農藥要靠烹調去除

煮　　　　烤　　　　炸　　　　炒

各種不同食品的農藥去除方法

● **蔬菜**

連皮使用時，用刷子刷乾淨。

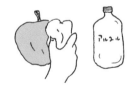

味噌醃漬蘿蔔等，醃漬有釋出農藥的作用。

● **葉菜類**

沖水5分鐘以上，煮過將湯汁倒掉（P.33）再沖水。

● **小黃瓜**

抹鹽以後在板子上搓揉，然後用水沖洗。

● **香蕉**

從頭切掉大約2公分。

● **水果**

用水沖洗，不要使用清潔劑或鹽水，因為農藥反而會滲入。

● **檸檬**

皮要洗乾淨，熱水沖洗可以去除揮發性農藥。

● **果皮有蠟**

蘋果等果皮上的蠟用燒酒拭去。

家裡使用的殺蟲劑
注意家庭使用的噴霧式殺蟲劑。

避免沾到食物。

● 什麼是「收穫後處理」？ ●

什麼是「收穫後處理」？
是指「收成後」散布的農藥。
運輸時間較長的進口農產品，即使標示為有機農產品還是可能殘留這種農藥。
認清生產者，選擇當地生產的有機農產品是選購的要訣。

食品標示——標示的解讀方法

你會看食品安全標示嗎？你知道安全標示的內容代表什麼意思嗎？現在就告訴大家食品標示該如何解讀。

標示的解讀方法　看清楚真正的樣子與特性！

標示是依食品不同決定的，
依法規定必須明列食品標示。

×原材料中愈多不知名者愈不可靠。
×加工愈多者，原料的產地愈無法辨識。

● 生鮮食品的標示

1. 不是用袋子包裝的蔬菜或魚肉類

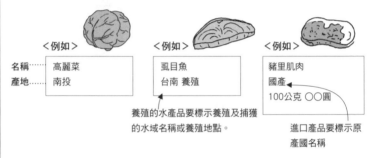

＜例如＞

名稱……　高麗菜
產地……　南投

＜例如＞

虱目魚
台南 養殖

養殖的水產品要標示養殖及捕獲的水域名稱或養殖地點。

＜例如＞

豬里肌肉
國產
100公克 ○○圓

進口產品要標示原產國名稱

2. 用袋子包裝的魚或肉

＜例如＞

名稱 ………　牛五花肉
產地 ………　澳洲
消費期限 ……　○年○月○日（4℃以下保存）
內容量（g）…　100g
價格 ………　○○○圓
　　　　　　○○有限公司
　　　　　　台北市○○區○○○

養殖地點是2處以上時，標示最久的一處。

＜例如＞

鮪魚（生魚片用）
韓國（太平洋）解凍
○年○月○日（10℃以下保存）

○○○圓
○○食品有限公司
○○縣○○市○○—○

冷凍的食品要標示解凍說明。
但是2種以上一起包裝販售時，
可以省略標示。

3. 加工食品

● 國產品

● 進口加工食品

<例如>

名稱	豆果子
	原料名稱　花生、米
	粉、澱粉、植物油、醬
	油（包含小麥）、食
	鹽、調味料、食用色素
內容物	100公克
保存方法	避免陽光直接照射，常
	溫保存
製要者	○○縣○○市○○─○
	○○食品有限公司

從含量較多的順序排下來，請確認！

<例如>

名稱	天然起士
原料名稱	牛奶
原料乳種類	牛
內容量	100公克
食用期限	090701	◀── 2009年7月1日
保存方法	要冷藏（約5℃）
原產國名	法國
進口商	○○食品有限公司
	台北市○○區○○─○
加工廠商	○○股份有限公司 ◀── 重新包裝時要
	○○縣○○市○○─○　標示加工廠商

國外加工品一定要填寫原產國名。
不論是哪一國的原料，重新包裝時要填
寫加工廠商。

● 原料原產地名的標示義務項目

● 哪些加工食品必須標示原產地

鰻魚（蒲燒、生烤）、海帶芽（乾燥、鹽藏
）、醃漬農產品（梅乾、醃鹹菜等）、冷凍
蔬菜（混合蔬菜等）、柴魚、鹽漬鯖魚乾、
鹽漬竹莢魚乾

<例如>

名稱	蒲燒鰻
原料名稱	鰻魚（中國）
	醬油（含小麥）、
	味淋、糖

國內加工品的原料不一定
是要國產的。

● 酒精物質標示

酒精過敏的人要注意酒精含量！

● 一定要標示的5項農產品

蛋

牛奶　MILK

小麥

麵

花生

● 建議標示的產品

鮑魚、魷魚、鮭魚卵、蝦、蟹、鮭魚、
鯖魚、牛肉、大豆、雞肉、豬肉、
松茸、栗子、橘子、奇異果、桃子、
番薯、蘋果、膠原蛋白等

食品添加物————妥善處理的方法

為了延長食品的保存期限或是提升食品的品質、讓食品的外觀及香味更吸引人，加工食品中經常使用各種食品添加物。選購加工食品時一定要看清楚標示，謹慎選購。

4類食品添加物

1. 指定添加物…由政府確認安全性與有效性後指定者。
2. 現有的添加物…長年使用的天然添加物，政府認可者。
3. 天然香料…動植物製成的香料。
4. 一般食品添加物…以著色為目的使用食品為添加物等。
　　　　　　　　　　（以果汁或是章魚的墨汁著色等）

總之，食品添加物的種類繁多，超過1500種以上。

慎選食品添加物

· 儘量選擇食品添加物少的加工食品。
· 避免防腐劑、著色劑、保存劑等。
· 避免人工甘味。
　阿斯巴甜等
· 注意添加量會隨季節而改變。
· 避免著色劑較多的加工食品。
　紅色3·102號、黃色4·5號、藍色1·2號等。

● 加工食品的危險添加物 ●

最好避免的3大危險添加物

1. 防霉劑
　磷苯基苯酚(OPP)、
　腐絕 (thiabendazole縮寫TBZ)
2. 保存劑
　己二烯酸、安息香酸等
3. 發色劑
　亞硝酸鈉等

● 購買之前先確認

☐ 名稱　　　　　　　　☐ 保存方法
☐ 原料名稱　　　　　　☐ 製造廠商
☐ 食品添加物　　　　　☐ 進口商品的原產地與進口商、
☐ 會引起過敏的食品　　　原料原產地
☐ 內容量
☐ 食用及保存期限

「標示是食品的自我介紹」
雖然資訊有限，卻是認識該食品最好的方法。

食物中毒——預防與對策

不是只有夏季或梅雨季節才會發生食物中毒，也不是只有外食才會發生食物中毒，在家中也有可能發生。大家必須懂得如何預防食物中毒。

食物中毒的種類

※正確的洗手方法請參閱P.128

食物中毒的種類	原　因
因為細菌引起的食物中毒	腸炎弧菌、沙門桿菌、病原性大腸菌、葡萄球菌、肉毒桿菌、O-157（腸管出血性）等
病毒引起的食物中毒	諾羅病毒等
自然毒素引起的食物中毒	毒菇、馬鈴薯芽、黴菌、河豚、蛤蜊、牡蠣等
化學物質引起的食物中毒	農藥（殺蟲劑、防腐劑等）的誤用、殘留農藥、殘留有害性金屬的食品污染等
過敏性食物中毒	因為微生物產生的組織氨

＊腹痛或下痢、嘔吐等症狀出現時，要立即就醫。

預防食物中毒的方法

3個原則「不製造原因、不給予機會增殖、努力消滅」

1. 買菜時，最後再買生鮮食品。回家以後馬上放進冰箱。
2. 冷藏室保持10度以下、冷凍室保持零下15度的低溫。
   大部分的細菌在10度以下，增殖速度就會減緩，零下15度以下就會停止增殖。
3. 碰觸魚、肉、蛋前後都要洗手。
4. 烹調中上洗手間或是擤過鼻子後都要洗手。
5. 菜刀、砧板使用前後都要仔細洗過。
6. 食品加熱要熟透。
   大部分的食物中毒病菌以75度加熱1分鐘以上都可以消滅。

   在毒素還未發生前先消滅！

7. 做好了要馬上食用。
   O-157在常溫中15～20分鐘就會增生一倍。
8. 過期的食品或菜要馬上丟掉，不要捨不得。
9. 抹布、刷子、菜瓜布要常清洗。

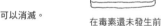

＜殺菌的加熱標準＞

	食物中心溫度	加熱時間
O-157	75度以上	1分鐘以上
腸炎弧菌	70度以上	1分鐘以上
沙門氏桿菌	75度以上	1分鐘以上
肉毒桿菌	100度以上	10分鐘以上
葡萄球菌	62度以上	30分鐘以上
諾羅病毒	85度以上	1分鐘以上

期限標示與食品壽命———保存的基準

要隨時都能享受安全美味的食品，別忘了注意期限標示，並且用自己的眼、鼻等五官確認食品的安全。

食用期限與保存期限

● 食用期限

較不易腐敗的食品可食用的期限。
過了食用期限不一定要馬上丟棄。
可以先用自己的五官確認是否安全再決定是否丟棄。

● 保存期限

容易腐敗的食品可使用的期限。
從製造日期起算超過5天就會發生品質劣化的食品。
過了期限就不要使用。

年、月、日標示

年、月標示

全部
年、月、日
標示

全部都是在不開封的情況下依標示方法保存時，美味且可食用的期限。

食品的壽命

以眼、鼻或手、舌判斷！

● 牛奶

開封後儘早食用完畢。發生酸味或臭味、結塊等都是危險的訊號。

● 魚漿製品

表面黏膩或出現絲狀物就是腐壞的徵兆。
白色的食品變黃或出現酸味都是腐壞的徵兆。

● 優格

雖然乳酸菌可以抑制雜菌的增生，但是發現味道較平常苦或酸味異常時就要注意了。10度以下冷藏保存，上面的乳清營養豐富，不要丟棄。

● 麵包

乾鬆、發霉、酸味都是危險的訊號。
不要放進冷藏室，放進冷凍室保存可以保存2週。

● **納豆**

出現氨臭味就不行。納
豆放太久，表面會出現
黏膩或黑色斑點，這時
就不要食用了。冷藏保
存大約7～10天，冷凍
保存大約3個月。

用鼻與眼確認

● **味噌**

白色霉狀物是酵
母，安全上沒有
問題，但是味道
會變差。

表面是乾的且沒有香味，
這種味噌就不好吃了。

● **乾麵條**

受潮的話可以曝曬大約半天。製
造後，機械製麵可保存2年，手
工拉麵可以保存4年。超過保存
期限味道會變差。嚴禁受潮、
浮出油漬、發霉。

● **豆腐**

表面黏黏的、
水水的，是變
壞的徵兆。開
封後泡在水裡可以冷藏2天。真空
包裝的豆腐，開封後一樣泡在水裡
可以保存4天。

● **蒟蒻**

出現惡臭、沒有彈
性、滑膩、溶解狀、
都不可食用。

● **醋**

調味醋、純米醋
都是開封後就要
放進冰箱。
酸味和香味容易
散發掉。

● **乾香菇**

黑色斑點或發霉就不行。

● **果汁**

開封後儘早食
用完畢。

● **日本茶**

茶色出現 色
斑或發黃 就
不好喝了。

● **紅茶**

開封後可以保存
2～3個月，要注
意發霉。

● **巧克力**

冷藏風味會變差，儘
量不要冰。

● **咖啡**

開封後，咖啡豆保存1個
月、咖啡粉保存7～10天。

● **清酒**

不會壞，但是
受到陽光直射
會變酸。

● **小點心**

開封後即容易
變質，儘早食
用完畢。

● **沙拉油**

開封後必須避免油
品產生惡臭或黑色
斑點。油炸時泡沫
不會消失也不行。

327

保健食品與生技食品——種類與選購方法

最近市面上出現許多對身體健康有益或高營養成分的食品，還有一些是基因重組應用先進科技創造出來的食品。面對這些特殊的食品，我們應該如何選購？

什麼是保健機能食品？

所謂健康食品可以分為下述幾種。

← 一般食品 →	← 保健機能食品 →	← 醫藥品 →
（包含健康食品）	營養機能食品　特定保健用食品	包含醫藥外用藥
	（規格基準型）　（個別許可型）	

1. 營養機能食品

以補充、補給營養成分為目的的食品。雖然依法規定必須有清楚的成分標示，但是不須取得醫藥類的上市許可。

2. 特定保健用食品

對於血壓、膽固醇或身體狀況具有調整功效等，含有特定保健用途的成分的食品。必須取得日本厚生勞動省的許可與承認。

什麼是特殊用途食品？

適合病中或必須限制飲食者食用的食品、嬰幼兒的配方奶粉，以及針對老年人提供的食品等。必須取得日本厚生勞動省的許可。

不可以過度依賴營養保健食品，還是要保持均衡的飲食！

飲食的安全與健康

注意不要被標示欺騙！

別被這樣的食品標示欺騙！

❌ 最頂級的瘦身食品	❌ 傳說具有〇〇功效	❌ 癌症的特效藥
不要相信最頂級、絕對…等最高級的說法。	不要相信沒有根據的傳言或暗示性的宣傳話語。	必須經由醫師診斷治療的疾病，不要過度相信偏方。

什麼是生技食品？

生技食品就是利用生物科技開發出的食品。其中最具代表性的就是基因重組食品，其中有許多還未證實其安全性，依法規定必須標示清楚。

基因重組食品（GMO）的標示

經過人工基因重組的改良品種。

● **對象農產品與加工品**

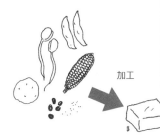

對象農產品	加工品
大豆（毛豆、大豆芽等）	豆腐、納豆、豆漿、黃豆粉、味噌
馬鈴薯	零食、冷凍馬鈴薯
玉米	玉米片、爆米花等
油菜	
綿實	

加工

● **基因重組食品的3種標示**

1. 基因重組食品　　[有標示義務]　（例）「大豆（基因重組食品）」

　　分別生產與流通管理的基因重組食品。

2. 未區分基因重組食品　[有標示義務]　（例）「大豆（未區分基因重組食品）」

　　未區分基因重組食品與非基因重組食品的區別。

3. 非基因重組食品　　[有標示義務]　（例）「大豆（非基因重組食品）」

　　實施分別生產與流通管理的非基因重組食品。

選3！

便當—— 美味的製作要訣

只要掌握要訣，做出美味又安全的便當並不困難。自己動手做的便當更是別有一番風味。

好吃的製作要訣

1. 不要裝太滿

裝太緊、太多，味道會混在一起。

2. 注意配菜的顏色

別忘了紅、黃、綠3色的搭配。

打開的瞬間立即挑起食慾。

3. 心意與濃郁的味道

冷掉以後還是可以享受美味。

4. 減少湯汁

5. 增添一點花樣

創意的裝飾，可以增添食慾。

防止食物腐敗的要訣

正確的洗手方法
（請參閱P.128）

烹調之前一定要把手洗乾淨！

1. 飯菜涼了以後再裝進便當。

蒸氣會產生水分，潮溼溫暖的環境會成為細菌的溫床。
梅乾也等到飯冷了以後再放上去。

2. 飯糰要保持透氣良好

3. 水果儘量保持完整

切口是腐敗的開始。

4. 冷凍食品裝進便當之前先微波一下

肉類食品很容易變壞，要特別注意。

5. 便當蓋的溝槽要清洗乾淨

取下橡膠條，洗乾淨溝槽。

6. 蔬菜儘量炒過再裝便當

用油炒過之後水分就會減少，這樣比較不容易壞，分量也會減少。

便當美味的技巧

● 冷凍毛巾或茶可以減少
　便當菜變壞的機會

● 生鮮蔬菜要吃的時候夾
　麵包一起吃
　先用紙巾另外包起來。

● 不必沾鹽吃的白煮蛋
　蛋先泡一夜鹽水再煮，煮好就
　可以直接裝便當了。

● 煎的食物比炸的更適合裝便當
　油炸…味道容易走味。
　煎的…比較容易久放，炸雞塊也可以裝
　　　　便當。

● 飯糰的海苔另外放
　海苔要吃的時候再捲在飯糰上
　比較鬆脆。

● 三明治要冷凍
　果醬三明治。
　（水分較多的蔬菜三明治不適合裝便當）

● 調味料用保鮮膜或塑膠瓶另外裝
　要吃的時候再用牙籤戳洞擠出。

● 義大利麵煮硬一點
　只要淋沙拉油或拌美奶滋，經過一段
　時間之後就會變軟。

● 牙籤和調味料放在茶袋裡。

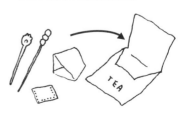

慢食——傳統的手工美食

你聽過「慢食」嗎？它是以自然、環保的方式取得食材，鼓勵大眾將傳統、手工製作的菜餚做為日常飲食的一部分，放慢飲食的節奏，享受各地的特殊風味。

什麼是國際慢食運動？

1986年義大利美食專欄作家Carlo Petrini向世人呼籲：「即使在最繁忙的時候，也不要忘記家鄉的美食。」這場喚醒人們抵抗速食的「慢食運動」由此興起。

> 許多具有歷史或文化背景的傳統飲食，隨著時間的經過，已經逐漸失傳，讓我們再一次重新認識傳統的飲食文化。

● 慢食的三大目標

1. 保護可能消失的傳統食材或菜餚，維護高品質的飲食。
2. 保護提供好食材的生產者。
3. 包括兒童在內，對消費者提供飲食的教育。

● 享用當令新鮮的食材

冬季菠菜的營養價值比夏季好。選擇當令食材享用。

● 享用道地的「鄉土美食」

鄉土美食是取材於當地的食材，傳承著當地生活與天候的智慧及手藝。

紅燒肉（沖繩）　石狩鍋（北海道）

烤米捲（秋田）

皿缽料理（高知）

● 節慶飲食

四季不同的節慶都各自有著流傳已久的美食文化。

（請參閱P.350～353）

新年…雜燴　　女兒節…海鮮湯　　　　　　　　中秋…丸子

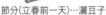

節分(立春前一天)…灑豆子　　　端午…粽子、柏餅　　　除夕…跨年麵

防災食品————準備清單

我們生活的地球，隨時都可能發生颱風、地震、水災、停電等意外的事故。所以，平常至少要準備一些防災的糧食。

救命的「防災食品」！

● 水

一天只要有3公升的水，大約3週不進食仍能維持生命。

養成就寢前水壺裡留1杯水的習慣。

長期保存用的罐裝飲用水

保特瓶
2公升裝
至少3瓶以上。
檢視食用期限。

塑膠儲水桶
方便使用。

洗澡剩下來的水也要留下來。

馬桶裡的水是自來水，緊急時也可以使用。

● 燃料

水、電、瓦斯中，受災損害最難復原的就是瓦斯，如果有桌上型瓦斯爐與瓦斯罐就比較方便。

別忘了預備瓦斯罐。

● 食品

一旦遭受天然災害可能1個星期都會斷糧，所以至少要預備1個星期～1個月份的防災食品才比較放心。

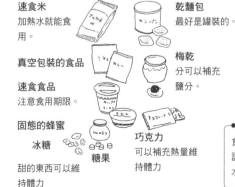

速食米
加熱水就能食用。

真空包裝的食品

速食食品
注意食用期限。

固態的蜂蜜

冰糖

糖果

甜的東西可以維持體力

乾麵包
最好是罐裝的。

梅乾
分可以補充鹽分。

巧克力
可以補充熱量維持體力

奶粉
營養價值高且易消化，就算家裡沒有小孩也要預備一罐奶粉。

軍用罐頭
可以保存25年。口糧等。

● 每半年檢查一次 ●
食用期限快到的食品，就當做災害訓練，實際使用桌上瓦斯爐與儲備水來試煮防災食品。

營養與節食——基礎知識

維持健康的身體是件非常重要的事。講到人體必需的營養雖然是門大學問，但是為了維持健康、美好的生活，最好還是具備一點基礎的知識。

什麼是營養素？

就是提供我們生活必需的活動能源所需的養分。我們每天攝取的飲食就是營養素的來源，其中6大營養素更是人體不可或缺的。

● 6個基礎營養要素

1. 蛋白質

蛋白質與氨基酸的組合排列形成了我們人體的組織，尤其氨基酸中的亮氨酸、絲氨酸、羥脯氨酸、天門冬氨酸、麩氨酸、酪氨酸、甘氨酸、丙氨酸、胱氨酸等更是人體不可或缺的養分。

2. 脂肪

人體就算不活動光是呼吸也需要能源，能源的來源就是脂肪。雖然能源還有其他的來源，但是脂肪就像是存款一樣，可以預先存起來。過度的囤積脂肪是不好的，但是適度的脂肪是人體必須的。

3. 碳水化合物

碳水化合物包括糖質與食物纖維。糖質是身體的能源，食物纖維可以促進腸子蠕動，達到預防便秘的效果，二者都是人體不可或缺的物質。

4. 礦物質

人體必須的礦物質包括鈣、鐵、鈉、鉀等將近30種，其中最多就是鈣，成人的體內大約有1公斤鈣質。不僅是牙齒與骨骼的來源，也可以達到鬆弛肌肉緊張及減緩對刺激的反應，是人體必要的物質。

5. 維生素C

20種以上維生素之一。顏色淡的蔬菜或水果中含有維生素C，雖然具有調整體質的功效，但是水溶性的不易儲存，必須每天攝取。

6. 胡蘿蔔素

黃綠色蔬菜或深色蔬菜含有大量的胡蘿蔔素，人體攝取後轉變為維生素A，是骨骼與牙齒發育所不可或缺。是脂溶性的，以油脂烹調較容易吸收。

節食

● 成長期節食是件危險的事

為了維持身材的窈窕而限制飲食的量或種類，就是節食。但是，並不是每個人都適合節食。有下述情況者可向醫生諮詢商討節食事宜。

· 醫師宣布為肥胖者。

· 睡覺的時候會停止呼吸者。

· 肝功能障礙。

· 可能罹患成人型糖尿病者。

> 成長期節食可能會發生下述情況。
> 貧血、骨骼發育不良、身體虛弱、荷爾蒙失調等

飲食生活檢查表

檢視自己是否有下述情況

☐ 偏重於少數幾種食物（目標是1天食材為30種）

☐ 經常食用炒或炸等油膩的食物

☐ 經常吃零食或喝果汁

☐ 喜好鹹的食物（學童期為1天約7公克）

☐ 有一餐沒一餐

如果有3個以上就要注意改善了。

● 營養問答題 ●

Q1.杯麵或速食麵1杯的鹽分是多少？

Q2.10片洋芋片的能量大約等於白飯多少？

Q3.吃1塊炸雞要運動多久才能消耗掉吸收的熱量？

答案：A1.5～6公克　A2.約1碗白飯　A3.9～11歲的學齡兒童要踢足球20～35分鐘或游泳20～40分鐘

洗碗———餐具的清洗方法

喜歡做菜，但是洗碗可就……很多人都有這樣的想法。有沒有什麼方法可以輕鬆又快速的洗碗呢？

洗碗的基本

下述物品請勿放進洗碗盆中清洗。

刀具

玻璃食器

容易打破或是割破手。

湯匙與叉子

污垢容易進入縫隙之間。

油膩的餐具

● 快速洗碗的要訣

要訣1 在污垢硬化之前趕快清洗或泡水。

要訣2 油污先用紙巾
擦拭乾淨。

用紙或布擦完丟
棄比較方便。

要訣3
洗少量的碗盤時用海綿
沾清潔劑清洗。

洗多量的碗盤時，用盆子
接水倒入清潔劑清洗。

要訣4 注意洗的順序。

污垢少的先洗 ➡ 再洗污垢多的

重要的先洗 ➡ 再洗每天用的

容易碎的先洗 ➡ 再洗堅固的
（玻璃或漆器）

要訣5 碗盤下面的溝槽也別忘了
清洗乾淨。

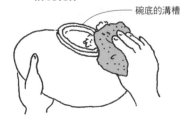

碗底的溝槽

飲食的安全與健康

清洗用具的使用方法

● 無柄刷子

刷縫之間容易藏污納垢，要時常用漂白劑消毒。
清洗篩子、鍋子等

● 海綿

選擇手掌握住即可擠乾水分的大小，薄的比較方便。使用完了以後，擠乾。
清洗砧板等

● 美耐皿樹脂海綿

切成用過就丟棄的小塊。
去除燒焦的痕跡、頑固油污

● 有柄刷子

洗熱的餐具或廚具非常方便。
清洗鐵製的平底鍋
（選擇鐵氟龍鍋專用刷）

● 不鏽鋼刷

不生鏽的不鏽鋼刷也很好用，但是容易刮傷餐具。
去除頑垢、黏膩的污垢

● 杯瓶刷

可以清洗海綿無法洗到的角落。
清洗瓶底、壺口等

廚房清潔劑的使用方法

● 脂肪酸類、非脂肪酸類清潔劑

脂肪酸類採用動物油脂或肥皂成分，作用溫和，對於嚴重的油垢要先溶解於溫水中再清洗比較有效。
非脂肪酸是高級酒精類的合成清潔劑。雖然清潔效果較佳，但傷手。

 洗劑　石けん

● 去污粉

適合去除焦垢或茶垢，但是容易磨傷餐具表面。

クレンザー

木鏟等

● 鹽

可以防止玻璃起霧

● 漂白劑

具有漂白、除菌、脫臭等效果。
不能使用在金屬或漆器。
酸素類比較方便使用，鹼性類要先詳細閱讀說明書再使用。
清洗餐具籃、洗碗盆、抹布架等

漂白

● 小蘇打（碳酸氫鈉）

溼海綿沾取小蘇打粉使用。可用於金銀鋁以外的金屬磨亮或是清除玻璃的茶垢。

重そう

廚房垃圾——丟棄方法與處理原則

只要有人的地方就有垃圾。煮出來的菜愈精緻，垃圾就愈多。如果不加以節制，後代子孫恐怕得生活在垃圾山環繞的環境中。

丟垃圾的基本

1. 保持乾淨
2. 保持安全
3. 儘量縮小
4. 儘量減少
5. 遵守規定

紙盒或鋁箔包壓平再丟。

● 可燃性垃圾

廚餘
要瀝乾水分。

油污
先將報紙或破布裝在塑膠袋中，然後將油倒進去，連同塑膠袋一起丟掉。

● 不可燃垃圾

玻璃、陶器、日光燈等
用報紙包起來再丟棄，並且標示為玻璃物件，避免割傷人。

噴霧罐
先把內容物用光再丟。

刀具
包好，標示為危險物再丟棄。

飲食的安全與健康

處理垃圾的小技巧

● 先把咖啡渣墊在垃圾桶底下
　消除異味。

● 將報紙鋪在底層
　可以吸收水分。

● 蛋殼鋪在花盆上

● 用紙箱代替垃圾箱
　用完就丟。

垃圾分類的方法

各地區垃圾分類的規定不大相同，詳細的垃圾分類方法請上各縣市政府
網站查詢。

● 一般的區分標準

可燃性垃圾 （燃燒垃圾）	廚餘、紙張、塑膠垃圾（有些地方塑膠垃圾不算可燃性垃圾）
不可燃垃圾 （掩埋處理）	玻璃、陶器、金屬等
有害垃圾	乾電池、體溫計、日光燈、打火機、刀具、噴霧罐、燈泡，以及含水銀的、有爆炸危險性的、會傷人的物品等
資源回收	報紙、紙箱、雜誌、紙類、瓶、罐、保特瓶、衣物
回收品	食器、空瓶、空罐、牛奶盒、蛋盒等 各地方規定不一。
大型垃圾	依大小，有些要付回收金。

身體欠佳時的飲食——作法

爸爸媽媽疲累或健康不佳時，你也可以試試看做些營養補給品給他們嚐嚐，讓他們趕快恢復精神。

薑粥　…提振食慾、止咳、發汗

①鍋裡倒入麻油，炒切碎的薑與蔥。

②加進飯與雞湯，加水調整濃度。

③煮開之後加醬油調味。最後打個蛋。

●材料＜1人份＞
薑…………1節
蔥…………1/2根
飯…………1碗
雞湯………適量
（雞湯塊亦可）
蛋…………1個
麻油………少許
鹽、醬油…少許

梅乾湯　…剛開始感冒時

將食材裝進碗裡，加熱開水，蓋蓋子。
大約5分鐘即完成。

大蒜
生薑
蔥
梅乾
熱水

●材料＜1人份＞
梅乾……………1個
蔥………………約10公分（切成小粒）
蒜、薑…………各一節（磨成泥狀）

梅乾茶

…胃不舒服、宿醉

茶湯

梅乾
1～2個

熱蜂蜜

…剛開始感冒時

蜂蜜
1～2大匙

熱水

檸檬半個
擠汁

蛋酒

…就寢前

糖
1～2大匙

蛋黃1個

酒1杯
用鍋子煮開。（讓酒精揮發）

趁熱充分攪拌。

雞湯麵　　…肚子不舒服時

①水沸騰，加入雞湯塊與
　雞肉煮熟。
②加入煮好的麵。
③煮好之後加醬油與鹽調
　味，打個蛋。

●材料＜1人份＞
雞湯塊…2杯分量
雞肋條…1條（切成適當大小）
細麵……1把（煮好）
蛋………1個
鹽、醬油…少許

雪霽豆腐　　…沒有食慾時

①水煮開加入豆腐。
②加入蘿蔔泥，煮開。
③水果醋加入淺蔥，蘿蔔泥與
　豆腐沾醬食用。

蘿蔔泥

●材料＜1人份＞
蘿蔔泥…1～2杯
豆腐……1個
水果醋…適量
淺蔥……少許（切小段）

淺蔥

水果醋

「食物相剋」的說法是謠傳、還是真的？

農民曆上有許多相剋食物的說法，如：「毛蟹＋柑橘」會軟腳、「蜂蜜＋豆花」會中毒、「牛奶＋菠菜」會下痢……這些說法究竟有沒有根據呢？還只是傳言？

至今發現其中很多都是沒有科學根據的

古代農業社會，醫療不發達，食物中毒的危險性比現在高出許多，為了防止萬一發生食物中毒會喪命，所以才衍生出許多食物相剋的傳言。流傳至今，經過實驗證明，許多流傳中的相剋食物一起食用其實並沒有什麼不好的影響。

●常被傳為相剋的食物

「鰻魚與梅乾」

「西瓜與炸蝦」

「螃蟹與柿子」

過去因為脂肪含量較高的鰻魚容易引起消化不良，未熟的梅乾較酸澀。同時在沒有冰箱的時代，夏天的水果很容易引起食物中毒，搭配油脂或水分較多的食物，就容易引起肚子不舒服的症狀。

「蛤蜊與橘子」

搭配在一起食用就容易引起肚子不舒服的食物大致可以分為下述幾種。

· 脂肪容易酸化、不易消化的…………炸蝦、鰻魚
· 容易變質的……………………………螃蟹、西瓜、橘子
· 容易產生毒素的………………………菇類

雖然不必太過恐慌，但是如果幾項不利的條件正好都出現，也可能會發生吃了肚子不舒服的現象。

飲食的安全與健康

快樂的烹飪時間

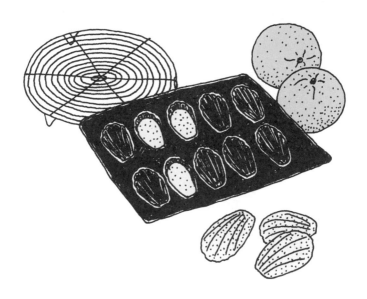

烹飪這件事是二個人比一個人開心、三個人比二個人快樂…，不知道為什麼，一樣的東西，大家聚在一起就覺得更好吃。讓大家聚在一起愉快用餐的食譜、提升歡樂氣氛的創意、有媽媽味道的手工食品等，只要稍微用一點心就可以讓烹飪充滿樂趣。

宴會菜單——共享歡樂時光！

就算不擅長烹飪的人也不必擔心。大家一起動手就可以輕鬆享受PARTY的樂趣。

輕鬆設計PARTY 菜單

精心設計的邀請函，更能增添歡樂的氣氛。

● 簡單的大阪燒

把食材全部混在一起，在鐵板上燒烤。

麵粉2杯　　蛋1個

高麗菜、火腿切丁

加水調和

塗上醬汁食用。

也可以燒烤飯糰（P.119）
或是炒麵（P.10）。

● 花飾蛋糕

麵粉	牛奶	蛋	糖	鹽	溶化奶油
1杯	1杯	1個	1小匙	少許	1大匙

食材混合攪拌之後放進冰箱約30分鐘。

中間加奶油、果醬、水果等，做成多層蛋糕。

● PARTY小創意

· 糖果花
將棒棒糖做成花朵，插在砂盆中，裝飾餐桌。

最後送禮物。

砂子

· 禮物袋
用蕾絲紙做成提籃，放進小點心。

· 糖果項圈
將糖果綁成一串，中間用緞帶打結，做成糖果項圈。

· 餅乾名牌
用巧克力或糖果在餅乾上排出名字做成餅乾名牌。

快樂的烹飪時間

344

戶外烤肉的菜單

植物生長的地方不要直接生火。
用火之後一定要徹底熄滅火源，並且收拾乾淨。

除了在家享受烹飪的樂趣外，河邊露營地、住家附近的公園…也處處可見烤肉的人群。戶外眾餐更能盡情享受歡樂的氣氛。

● 簡單的烤肉
將肉片和烤肉醬放進塑膠袋中，用手搓揉後再燒烤就可以了。

● 素燒
燙過的玉米、香菇、飯糰、甜不辣等直接火烤。

● 鋁箔包食材火烤
用鋁箔紙把食材包起來再烤。
芋頭、地瓜、肉、魚

鐵板

● 生鮮蔬菜的串燒
小黃瓜、西洋芹、胡蘿蔔

● 鐵板炒麵
※作法參閱P.10

● 點火的安全與要訣

· 火柴
擦的方向和火柴棒一致，向沒有人的方向擦出去。

· 打火機
先確認火焰的方向。

· 生火的要訣
利用乾牛奶盒或捲在一起的報紙點火。火種更方便。

● 生火的方法

①先把火生在火種上。
（杉木的葉子或報紙）

②火移到細的枯樹枝。

③再加上粗的樹枝。

345

餐桌的裝飾———東西方的創意

通常我們頂多在餐桌上擺上鮮花來裝飾。其實只要加一點創意，就能讓用餐的氣氛增色不少。

和食的擺設技巧

不要直接把餐盤或餐具放在桌上，先鋪上餐墊或餐墊紙。將不同顏色的餐墊重疊在一起，再稍微分開一點露出底色。

● **從筷子的擺放表現**
　季節的氣氛

　　利用花、楓葉、樹枝、松葉等做成筷托。

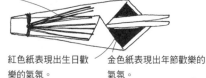

● **自己折出筷子袋**

家人的生日或特殊節慶時，手工自製筷子袋，一點小創意就能夠讓餐桌充滿祝福與喜慶的氣氛。

用緞帶或絲帶打結更顯得華麗。

紅色紙表現出生日歡樂的氣氛。　　　金色紙表現出年節歡樂的氣氛。

①長方形的紙如圖折疊。　　②前端向相反側折進去一點。　　③前端部分向後折。

向後折

● **點心裝飾的折紙**

小點心裝盤時不要只把點心放在盤子裡，可以以折紙增添擺盤的內容。

鶴

①折三角。　　②角向內側壓下。

對折

錯開一點

③前面折成鶴頭的樣子。

快樂的烹飪時間

西餐的擺飾技巧

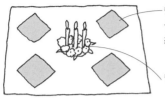

餐桌上先鋪上每個人的餐墊或蕾絲紙。

餐桌中間擺花或蠟燭。

● 名牌

每個人的座位名牌。

 厚紙切割2刀,夾在杯子上。

木塞上插根牙籤,名片夾在牙籤上。

● 酒瓶

用餐巾裝飾。

● 刀、叉、筷子等

用餐巾包起來再插在杯子裡裝飾得像花一樣。
聖誕節用紅綠色、過年用紅金色。

● 紙巾的折疊法

基本

刀叉套

折四折

向後

花冠

向前

向後

轉一圈

餐桌禮儀——享受愉快的用餐時光

或許有人覺得禮儀是件麻煩的事，但是其實並不困難，只要稍微用點心就能讓用餐時光更加愉快。

基本禮儀

注意讓同桌的人保持愉快的心情用餐。
1. 不要發出吃東西的聲音。
2. 不要揮舞筷子、刀具，不要邊吃邊玩或做出讓別人困擾的事。
3. 和大家一起愉快的用餐。

和食的禮儀

太過於注重餐桌禮儀或許會因為流於形式而顯得過度拘謹。用餐最重要的到底還是享受美食，遵守用餐禮儀時別忘了享受用餐的愉快與美味。

● 筷子的握法

像握鉛筆一般握住其中一根筷子，再夾住下面那根筷子，動上面那根筷子，這樣比較容易夾取食物。

● 打開湯碗的蓋子

湯碗蓋子打不開時，用一手握住湯碗的兩側，讓空氣進去再開蓋子。

● 三菜一湯的用餐法

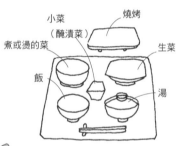

小菜
（醃漬菜）
煮或燙的菜
飯
燒烤
生菜
湯

一湯…湯
三菜…燒烤、生菜、煮或燙的菜

喝一口湯之後，
菜與飯輪流吃，不要只吃配菜。
熱食趁熱吃，冷食趁冷吃。
原則上端起飯碗吃。

快樂的烹飪時間

西餐的禮儀

原則上除了飲料杯之外，其他碗盤都不可以端起。
刀叉從放在外側的開始使用。

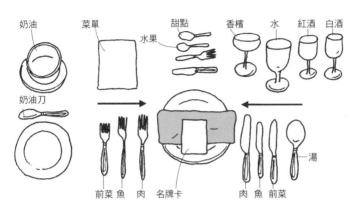

奶油　菜單　甜點　香檳　水　紅酒　白酒

水果

奶油刀

前菜　魚　肉　名牌卡　肉　魚　前菜　湯

● **椅子的坐法**

等待服務生拉出座位。

身體與桌子之間
保持一個拳頭的距離。

● **刀叉擺放的訊息**

用餐中　　　　用完餐

● **喝湯的方法**

湯匙向外舀湯。
不要大口喝湯，
一口一口慢慢喝。

有把手的湯杯可
以拿起來喝。

● **餐巾的使用方法**

餐巾在用餐當中是用來擦手或
擦嘴用的。
點餐後餐點還沒上之前，折一半
放在膝蓋上。

途中離席時放在
椅子上。

用餐完畢折好
放在桌上。

餐巾或叉子掉地
時，請服務生撿
起來。

用餐巾擦嘴時，
用一角擦即可，
不要拿餐巾擦臉
或鼻子。

快樂的節慶食物 I ——日本的飲食文化（冬～春）

隨著天氣的變化，一年四季都有不同的節慶。同時，各個節慶也有應景的食品。流傳已久的節慶飲食文化更為年節增添氣氛。

新年

● 節慶料理

數子（青魚子）、田作（魚乾）、魚卵卷、金糰、伊達卷美美的前菜
（最先拿出來的菜餚）

燒烤等

蒸煮等

醋漬等
（也可以放在其他層，做成三層的餐盒）

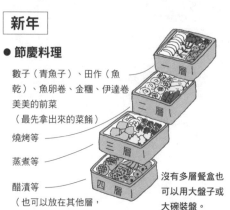

一層

二層

三層

四層

沒有多層餐盒也可以用大盤子或大碗裝盤。

把佳餚裝在層層疊起的餐盒中的節慶料理，是從江戶時代開始流傳的。年菜主要是可以久放、冷了依然美味，並可博得好兆頭的菜色。

● 博取好兆頭的年菜 ●

八頭（成為首領）、田作（豐收）、數子（取多子之意）、金糰（財產）、紅白燒肉（慶賀）、蝦（長壽）等
使用代表好兆頭的食材做的。

● 鏡餅

新年時供奉在神龕或地板中間等家中重要位置的大小二層的年糕。
代表好兆頭的裝飾品。

橘子（發音代代）：代代相傳

串柿：聚集財富

昆布（發音與開心相近）：開心

● 鏡割

新年供奉的鏡餅，到1月11日這一天就要開鏡，也就是用手或木槌將鏡餅掰開，祈求一年的幸福。為求好兆頭，不可以用刀切割。

草粥　（1月7日）

1月7日這一天要吃用春天七草做成的粥。
無法備齊七草也沒關係，用現有的蔬菜做成綜合蔬菜粥即可。

<動手做做看>

①剩飯放進篩子裡，用水洗過之後去除黏膩。
②鍋裡燒開水，放進飯。
③沸騰之後將配菜用的蔬菜切碎加入。
④用鹽調味即完成。

● 春天七草 ●

是指「水芹、薺菜、鼠麴草、繁縷、蔓菁、蘿蔔、稻槎菜」等7種植物。

節分 （立春的前一天，2月2、3、4日左右）

把鬼趕出去，把福迎進來，
邊說「鬼出去、福進來」邊撒豆子。

大豆用平底鍋煎過，幾歲就吃幾顆，據說可以保佑健康。

女兒節 （3月3日）

安置人形娃娃的擺飾，祈求家中的女兒平安長大。
喝蛤蜊湯、吃包了鱔魚的散壽司等，以當季新鮮食材慶祝女兒節的到來。

<動手做做看>

· 雛霰（女兒節供奉的紅白米糖）
烤箱以130度將剩飯烘乾，炸過之後沾糖。

花見

4月是櫻花盛開的季節，就像站在美麗的櫻花樹下一般，將做好的米糖灑在便當裡。

<動手做做看>

· 鹽漬櫻花

①將七分開的八重櫻花放進篩子裡，泡水洗乾淨，瀝乾水分。
②放進容器裡，撒鹽後蓋起來。
（櫻花100公克加鹽20公克）
③出水以後用篩子瀝乾水分。
④用塑膠袋將花裝進去，加梅子醋淹過櫻花。

⑤放到冰箱約1週之後，把花灑在篩子上，日曬2～3天，再灑鹽，裝進密封容器，放入冰箱保存。

加熱水泡就是一碗充滿祝福的櫻花湯。

端午節 （5月5日）

日本的端午節其實是男兒節。這一天有男孩的家庭要掛上鯉魚旗並且擺出武者人形，祈禱男孩健康長大。並將菖蒲葉放進浴缸入浴淨身。

吃柏餅與粽子。

351

快樂的節慶食物 II ——日本的飲食文化（夏～秋）

七夕　（7月7日）

牛郎和織女一年一度在銀河相會的日子。據說在這一天「把心願寫在5色的紙卡上就可以實現」「收集芋頭葉上的梅雨水磨成墨寫在紙卡上，事情就會順利」。

<動手做做看>

・七夕炒麵

把麵當成銀河，這就是七夕炒麵。
準備各種不同的佐料菜，沾麵汁就可以食用。也可以配上鹽搓過的小黃瓜、柴魚、白芝麻、蛋皮絲、秋葵切片、魚卵卷切片、納豆等。

土用之丑日　（7月20日前後）

土用指的是立春、立夏、立秋、立冬的前18天。尤其是立夏之前的土用之丑日最為有名，日本人習慣在這個節日裡吃鰻魚，因此這一天又稱為「鰻魚日」，也是每年鰻魚最暢銷的一天。

盂蘭盆節　（7月或8月的13日～16日）

日本的盂蘭盆節是祭拜祖先的日子。祭祀的物品是小黃瓜或茄子做成的牛、馬等動物。

（乘坐小黃瓜做的馬，將行李放在茄子做的牛背上，慢慢地回來）

重陽節　（9月9日）

「九」是代表陽的數字，因此9月9日被稱為重陽，也叫做「重九」或「登高節」。秋天菊花盛開的季節，所以這一天有喝菊酒、吃栗子飯的習俗。

<動手做做看>

用菊花

・菊花餐
① 菊花連蒂摘下。
② 取花瓣洗乾淨。
③ 在加醋的熱水裡燙過。
湯、蔬菜湯、醋漬

中秋 （8月或9月15日前後）

中秋夜除了賞月之外，還要吃丸子，用菅芒花與桔梗等秋天的植物裝飾。

敬老節 （接近9月15日的星期一）

從室町時代開始就有敬老節祝賀長壽的習俗。這一天，你也向你的爺爺奶奶祝壽吧！

	60	還曆	這一年正好是出生後一甲子。回到自己出生那一年的干支，所以如同回到嬰兒時期一般，這一天要吃慶祝火鍋。
賀壽	70	古稀	古稀出自於中國的詩句「人生七十古來稀」。
	77	喜壽	喜這個字的草書體是三個七字疊在一起，所以稱為喜壽。
	88	米壽	八十八合在一起就是米字，所以稱為米壽。
	99	白壽	一百去一，因此是白壽。
（100歲是百壽、108歲是茶壽、111歲是皇壽）			

七五三節 （11月15日）

男孩子3歲與5歲，女孩子3歲與7歲時，要在這一天祭拜祖先，祈求平安長大。

千歲糖
紅白色長長的糖。
是祝福的好兆頭。

冬至 （12月22日前後）

一年中日照最短的一天。在這一天有吃南瓜的風俗。冬至這天泡柚子水，據說可以一年都不生病。用橘子代替柚子也可以，你也在這一天享受悠閒泡澡的樂趣吧。

除夕 （12月31日）

這一天有吃長壽麵的習慣，以祈求長壽。

※各節慶的習俗各地不同。

捲壽司—— 基本與花式捲法、裝飾捲法

就算什麼都沒有，只要有捲壽司就可以享受到宴會的氣氛。就算沒有捲簾，用蒸布也可以捲出漂亮的捲壽司。

壽司飯的作法

剛煮好的飯加調味醋攪拌。
3杯米加3杯水一起煮。

（新米的水可以少一點，舊米的水要多一點）

加大約5公分的昆布會讓煮出來的飯更好吃。

調味醋
醋⋯4大匙
糖⋯2大匙
鹽⋯約1小匙
用小火溶解糖。

壽司桶先用醋水弄溼。

可以用扇子搧涼，這樣壽司飯會有光澤。

充分攪拌後，蓋溼布，冷卻到體溫的溫度。

加調合醋時先用飯匙接著。

飯堆到中間像山一樣。

飯匙像切東西的方式攪拌。

捲壽司的基本方法

捲簾平的一面朝上。

有繩子的一邊在後側。

配料放在壽司飯的中央。

海苔是有光澤的一面朝下，靠近自己這一側放在捲簾邊。

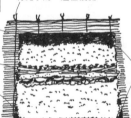

壽司飯分成2次加入。放在海苔上，推平。

海苔在靠近自己這一側（前側）對齊捲簾邊，後側留2～3公分。

①將捲簾包住壽司，用手指按住配料，讓配料和裡面的壽司飯靠在一起。

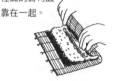

②從上面輕壓，整理一下配料。

③捲簾抬起，捲到後面海苔的邊緣。海苔的接縫向下，手掌夾成隧道狀，一邊拉緊，一邊整型。

快樂的烹飪時間

花式捲法的技巧

花式捲法使用一半的海苔

切海苔的秘訣是用菜刀壓切。

只要在花式捲法上發揮一點小創意就非常有趣。

● 花捲壽司

配料：黃蘿蔔與紅色的鮪魚、粉紅色的朧豆腐等做出漂亮的花式壽司。

把壽司整型成三角形或方形，組合成漂亮的花式壽司。

花

藤花

①配料配合海苔長度，切成棒狀。

②半片的海苔鋪上大約飯碗八分滿的飯，配料放在正中間。

前面0.5公分、後面1公分，保留海苔邊緣。

③捲捲簾。（參閱左頁）

④海苔的接縫弄尖，整型成水滴狀。排成花形就完成了。

以排成花形的細捲為中心，也可以做成粗捲。

避免捲壽司失敗的要訣

· 壽司飯沾水醋（水+少許醋製成）再鋪在海苔上。
  不要用手塗壽司飯。
· 配料放在壽司飯中央，排列時注意左右粗細相同。
· 壽司飯正中間較低，後側較高。
· 配料的湯汁要瀝乾。
· 不要裝太多配料。
· 壽司飯對面不要鋪滿海苔。
· 壽司飯捲在一起時要壓緊。
  捲好時就不能再壓了。

甜點——西式甜點、日式甜點 輕鬆做

做甜點的時候，心中總是充滿著幸福的感覺。為家人或朋友做甜點，和親愛的人一起享用甜點，這是最幸福開心的事了。

果凍起士蛋糕

①蜂蜜蛋糕從中間切成上下2層。

②奶油起士在常溫下放軟，塗在蜂蜜蛋糕上。

③水果切小塊，放在蛋糕上，再疊一層蛋糕。

④上面塗奶油起士，再把水果像寶石一樣放上去。

●材料
蜂蜜蛋糕…1條
奶油起士…1塊
水果………適量
（香蕉、奇異果、草莓、
　藍莓等）

切成小塊就可食用。

果凍的基本

※半大匙的果凍粉可以做成大約一碗的果凍。

①果凍粉加入2～3倍的水裡。

要訣1 一定要在水裡加果凍粉，如果在果凍粉裡加水，粉會結成塊。

要訣2 太黏的話要攪拌。

②鍋裡加水，加熱到體溫的溫度，加入糖溶解。

③加入檸檬汁。

④加入黏稠狀的果凍，攪拌溶解。

要訣3 不要煮沸。

●材料＜10個的分量＞
果凍粉…15公克（1.5大匙）
水………4大匙（果凍粉2～3倍）

水………2碗
柳橙汁…1/2杯
糖………40公克（依喜好增減）
檸檬汁…1/2個

⑤加入果汁混合均勻。

⑥倒入模型，放在冰箱冷藏20～30分鐘。

可以改變果汁的種類或是加入牛奶、豆漿、優格等，試試不同口味。

手工餅乾

先把烤箱預熱到200度

①奶油裝進塑膠袋，用手從袋子上面搓揉奶油變軟。

②加入糖搓揉。

③加蛋搓揉。

④加優格搓揉。

●材料
麵粉……2杯
小蘇打…1/4小匙
奶油……約100公克
優格……1/2杯
糖………3/4杯
蛋………1個

⑤麵粉與小蘇打粉先混合後再加入袋中，袋口壓緊，充分搓揉到均勻。

⑥袋口用橡皮筋綁好，下面剪個開口。

⑦烤箱的烤盤鋪上烘焙紙，在烘焙紙上擠出一朵朵的奶油花。

要訣 烤的時候餅乾會膨脹，所以先預留2倍的空間。

⑧在已經預熱的烤箱中烤15～20分鐘，烤到變成焦黃。烤好後先放在竹籃裡，冷卻以後再放進瓶子或罐子裡保存。

用微波爐輕鬆做日本牛皮糖

①耐熱容器（適用微波爐的容器）中加入白玉粉（糯米粉），加水，用湯匙攪拌到完全散開。
②加糖混合。

●材料
白玉粉（糯米粉）1/2杯
水………………1/2杯
糖………………1/2杯
太白粉…………1/2杯

③蓋上保鮮膜，用微波爐加熱2分鐘，仔細攪拌，重複2次。

⑤手沾太白粉把糯米糰搓成圓形，包上草莓、果醬、甘納豆、紅豆餡等，再灑上糖或糖粉，可以嘗試不同口味。

④在金屬製的盤子上灑太白粉，再把③放上去，再灑太白粉。

放進冰箱會變硬，所以不要放進冰箱。變硬之後可以再用烤箱烤軟，味道一樣美味可口。

很燙，請小心避免燙傷

用水果做果醬與醬汁

水果除了可以生吃之外，不論煎、煮、炒、炸，各種烹調方法都可以使用水果入菜。試試看用水果做出自己的創意料理。

不失敗的果醬作法

利用水果的甘甜親自動手做出美味可口的果醬。利用微波爐，你也可以做出絕不失敗的果醬。

● 草莓果醬

● 材料
草莓……6～7個
糖………大約草莓一半的重量
檸檬汁…1/2個的分量

①草莓洗好去蒂，為避免滿出來，裝進大一點的碗裡。
②糖和檸檬汁調和後加保鮮膜，微波爐加熱3分鐘。
③混合均勻之後不加保鮮膜再微波3分鐘。
　反覆做，直到全部變成果醬狀。
　中途產生的泡垢要撈出。

熱的時候就放進密閉容器，待冷卻後再放進冰箱。
請在1個月以內食用完畢。糖多放一點可以延長保存期限。

● 蘋果果醬

● 材料
蘋果（紅玉）…1～2個
糖…大約蘋果一半的量
檸檬汁…………1/2個的分量

①蘋果連皮榨成泥。
②加糖以後包上保鮮膜，用微波爐加熱。滿出來以前取出，拌勻。
③加檸檬汁再包保鮮膜反覆加熱1～2分鐘，直到變成適當硬度。

水果醬汁的作法

● 藍莓醬汁

●材料
藍莓……100公克
楓糖漿…適量

①藍莓洗乾淨，瀝乾水分，用湯匙背壓碎。
②放入玻璃瓶裡，再加入楓糖漿。

冰箱保存3～4天。可淋在冰淇淋、
蛋糕、優格、水果上食用。楓糖漿
最好先用小鍋加熱。

水果加熱烹調的要訣

生

煮

烤

罐頭

· 酸味且含膠質的檸檬或橘子等柑橘類水果最適
合做成果醬。
· 含膠質較少的草莓或桃子做果醬時一定要加入
檸檬汁。
· 連皮一起使用時，先用約60度的水燙過，去除
皮上的蠟質。
· 煮水果時開始用小火，等到水分滲出來以後再
用大火，去除湯垢，再用小火煮。
· 酸味的生鮮水果適合做果醬或醬汁。
· 蘋果或梨加糖和水熬煮。
· 香蕉或蘋果加奶油與肉桂，奶油經過燒烤後，
味道更香濃。
· 水果罐頭連糖水一起用鍋熬煮就可以煮成醬汁
或糖漬水果。
· 製作果醬時，如果加糖的量和水果的量一樣多
時，大約可以保存一年，糖放得愈少，保存的
期限愈短。

廚房菜園——栽培與食用

有許多植物適合栽種在廚房裡，吃完以後還會繼續生長。栽種之後可以採下搭配沙拉食用。你也可以試試在廚房開闢一處迷你的家庭小菜園。

水耕栽培與技巧

● 芝麻芽

先將廚房紙巾或面紙沾溼，墊在容器的底部。芝麻不要重疊地灑在面紙上，避免陽光直射，以噴霧的方式1天澆1～2次水。

室溫達到25度左右時，10～15天就可以長到5～6公分的可食用部位，用手摘取即可做成醋漬或是沙拉。

● 鳳梨

鳳梨葉子連一小部分的果肉一起切掉，種植在撥水性佳的河砂或鹿沼土裡。夏天到10月左右種植在室外，冬天移到室內採光的地方。

● 胡蘿蔔

胡蘿蔔的頭大約3～4公分沾水，即會長出葉子。葉子可以炒來吃。
（蘿蔔也是一樣）

● 市售的水耕栽培蔬菜

連著溼海綿一起販售的三葉芹菜或豆苗等，保留2～3公分後將前端切下食用。連著海綿的部分還可以繼續生長。

● 蘿蔔芽

室溫15度以上隨時都可以播種。約10天即展開雙葉，可供食用。加在湯裡或豆腐上面做為佐料菜。

● 酪梨

種子周圍的油氣擦乾淨。較尖的部位朝上，下面的三角插上牙籤，底部放在瓶口並接觸水面。放在採光的溫暖室內，換水放置1～2個月，發芽之後移到土裡種植。

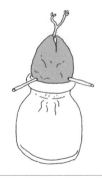

快樂的烹飪時間

360

● 番薯

長出根與芽的番薯、芋頭或馬鈴薯等，只要沾水，根與芽就會繼續生長。藤蔓長了以後切下沾水，藤蔓還會長出根部，雖然有特殊味道，但是油炒後可以食用。

芋類或洋蔥等球根類都可以水耕栽培。

香草植物的廚房菜園

店裡買來的苗種可以種在窗邊試試看

容易栽植又有香味的香草植物，是最適合廚房菜園栽種的植物。

● 薄荷

半日照的環境下就可以生長得非常茂密。
長出來的薄荷葉摘下可以泡茶（參閱P.317），或是搭配冰淇淋、點心等。

葉子長得太茂盛的時候，摘下倒掛風乾，做成薄荷乾葉。

● 迷迭香

手碰到葉子就很香，在廚房種植一盆迷迭香，隨時都可取用，非常方便。

動手做做看

· 香草烤雞肉

①一點薄荷葉加上較多的迷迭香，淋上橄欖油，醃漬雞胸肉1～2小時。（肉用叉子叉幾個洞）
②放在平底鍋翻面燒烤，用胡椒調味即可。

手工乾燥食品——作法

在沒有冰箱的時代，過去的人借助太陽曝曬讓食品可以延長保存期限。現在我們也能輕鬆做出可以長期保存的食品。

蘿蔔乾

經過曝曬以後的蘿蔔乾更甘甜，也含有豐富的維生素D，比生鮮的蘿蔔更美味可口。

放入密閉容器裡保存。
要使用時泡水還原，可以用油炒或炸、煮。

①蘿蔔洗乾淨，去皮後切成環狀。

②切絲。

③放在篩子上，在日照良好通風的地方放置約1～2週，經常用手搓揉、翻動，等待曬乾。

蔬菜乾

蘿蔔或蕪菁的葉子也可以曬乾使用，非常方便。

①葉子上的髒污洗乾淨之後，用熱水汆燙。

②不要泡水，直接瀝乾水。

③用線或鐵絲穿過，放在通風良好的屋簷下曬大約1週，等到完全乾燥。

使用時用熱水還原，可以做味噌湯或炒菜。

● 食物保存的智慧 ●

只要沒有空氣、水和適當的溫度，讓食物腐敗的微生物就不能生存。使用調味料達到脫水目的的食物保存方法是人類早就知道的智慧。

鹽	利用強大的脫水作用達到防腐的效果。長期保存的食品必須添加食品15～20%以上的鹽分。
糖	糖也具有強大的脫水作用，添加糖量達到食材65%以上時，食材可保存1年以上。
醬油	其中含有的鹽分與乳酸可以預防食材變質，煮過再使用效果更好。
醋	具有強效的殺菌力，幾乎可以殺死所有的細菌，但是要注意食品產生的水分會逐漸減弱殺菌力。
味噌	鹽分較高的辣味噌防腐效果更好。辣味噌可以保存食物長達1年，甜味噌大概是1週以內。
酒	酒精成分達35度以上時即可達到保存效果。水分較高的食材可以和糖一起加入效果更好。

| 柿乾 | 「桃、栗三年、柿八年」，意思是說柿子成熟要等待非常久的時間。雖然如此，即使是沒有熟的澀柿子也是非常珍貴的。 |

①澀柿子保留細枝，削皮。

②用繩子或線一個一個穿過細枝串起來，放在通風良好且不會淋雨的地方曬乾。

③表面產生皺紋之後，用手搓揉一下讓裡面的肉變軟，大約重複2次。

④經過1個月就可以拆下繩子，排列在報紙上，上面再蓋上報紙，放置1天。

（去除種子時，從果實的凹縫處用針挑出）

⑤加工完成後放在通風良好的地方保存。

可以直接和醃蘿蔔拌在一起，或和炸蔬菜等一起食用。

乾豆餅

冬天乾燥時期是做乾燥食品最好的時機。

豆餅

切薄片，曬乾至出現裂縫。

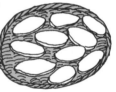

可烤、也可炸來吃。

乾米飯

①剩下的白米飯，瀝乾。

②裝進篩子裡，曬太陽，曬到全乾即完成。裝進罐裡保存。

③加熱湯就成了稀飯。

動手做做看

· 霰粥

①用180度的油炸乾米飯，但避免焦掉。

②加糖3大匙、水3大匙小火熬煮，做成糖霜狀。

③趁熱把糖霜和乾米飯拌在一起。

隨手做出醃漬菜與梅乾───作法

蔬菜等食材用鹽或味噌醃漬後，可以延長保存期限。甚至有些食材發酵之後比生鮮的味道更棒。醃漬的方法很多，有些醃後即可食用，有些則是愈醃愈夠味。

隨手做出醃漬小菜

● 一夜漬

茄子或小黃瓜切薄片，加鹽1小匙，再加切碎的昆布和辣椒等，混在一起，壓上重物，放進冰箱冰一晚。

壓重物
用小一號的碗裝滿水壓在上面

●味噌漬

①小黃瓜用叉子叉洞，味道比較容易滲透。

②把紅味噌、麴味噌、麥味噌等塗在小黃瓜上，裝進塑膠袋中。

③從上面輕搓，放進冰箱冰1天。

● 醃小黃瓜片

①小黃瓜2條切薄片，裝進塑膠袋中。
②加入鹽2小匙、糖1小匙搓揉。
（不要用普通的糖，用粗糖比較好）
變軟之後依喜好滴1～2滴醬油食用。

粗糖
1小匙

鹽
2小匙

● 醃漬菜自由配 ●

依照醃小黃瓜的要領，各種蔬菜都可以醃漬。

蘿蔔葉抹鹽 | 洋蔥與芹菜抹鹽 | 菜的花抹鹽 | 高麗菜抹鹽

加入檸檬薄片一起抹鹽。

醃梅乾	從6月上旬到下旬開始收成的梅子

●材料
成熟的梅子…2公斤
粗鹽………250～300公克
（大約是梅子的15%）
重物……2公斤

紅紫蘇…3～4把
粗鹽……3～4大匙

①梅子泡一夜水，撈出表面的浮垢。
（讓果實容易入味）

②撈在篩子上瀝乾水分。

③用竹籤去蒂，抹鹽，放進容器裡。

④蓋上重物壓住，放置數日。鹽溶解出水以後（白梅醋），放在陰暗場所保存。

⑤摘下紅紫蘇葉子，放在大碗裡，加鹽搓揉，擠出紫色的汁垢後倒掉。

⑥擠去汁垢的紫蘇中加入大約2杯白梅醋，輕輕搓揉做成紅梅醋。

⑦將紅梅醋加入醃漬的梅子容器中，減輕上面壓物的重量，趁7月下旬的好天氣醃漬。

⑧把梅子和輕擠出水的紫蘇放在篩子上，經常翻動梅子，曬乾4～5天。
梅醋加保鮮膜曬1天太陽。

⑨冷卻後把梅子與梅醋裝回罈裡，以盤子之類的器皿壓住。

梅醋形成後拿掉壓住的器皿，
保管於陰暗的場所。
等到10月即可食用。

● 醃漬紫蘇的利用法

自製紫蘇粉

將醃漬紫蘇放在篩子上曬乾，用微波爐微波（20公克約5分鐘），裝在塑膠袋中磨成粉。

醃漬菜

茄子、小黃瓜、日本薑等用鹽醃漬，瀝乾之後，再用醃漬梅子的紫蘇與梅醋醃到入味。

● 梅醋的利用法 ●

· 熱水或冷水沖泡成梅子汁
· 當水果醋用
· 加糖變成日式醬汁

醃漬路蕎——基本的鹽漬與應用

路蕎的盛產期是6月，看到店裡排滿沾有泥土的路蕎就知道6月到了。路蕎最簡單的做法就是鹽漬，進階的作法是甘醋或醬油醃漬。

基本的鹽漬路蕎

①用水邊沖邊搓洗，剝除沾土的外皮。

●材料
帶泥的路蕎…2公斤
粗鹽…………200公克
（路蕎的10%以上）
（洗過的路蕎不耐放，要用熱水燙過
之後，用甘醋醃漬處理後才能久放）

②用篩子撈出，瀝乾水分，鬚根不要切掉。
（切掉鬚根容易變質）

③在清潔容器裡灑鹽，放入路蕎，再灑鹽、放路蕎…，一層層交互放入。

④直接放置就會逐漸出水，大約放1週左右即可食用。鹽漬路蕎可以保存大約1年。

取出要食用的量用水沖洗去鹽，喜歡鹹味的人，水稍微沖一下即可。

切掉鬚根與莖，放在篩子上瀝水，大約放個半天。

各種調味路蕎　使用去鹽的路蕎醃漬成各種口味

● 家常口味的甘醋醃漬

米醋1杯與冰糖（砂糖）160公克煮化。加入去鹽的路蕎，以及去種子的辣椒1根。冷了就可以食用。

● 清爽的醬油醃漬

加醬油蓋過路蕎。

● 粉紅梅醋醃漬路蕎

加紅梅醋（P.365）蓋過路蕎。

米糠味噌——米糠醃料的作法與要訣

米糠中含有豐富的維生素與礦物質。光是用米糠醃漬就能夠提升蔬菜中的營養。比起生菜沙拉，米糠醃漬的蔬菜熱量更低，可以吃到更多蔬菜的營養。

米糠醃料的作法

①水加鹽煮開，放冷。

②米糠一半的量與切碎的麵包加入鹽水攪拌。剩下的米糠一點一點加進，攪拌到變成味噌膏狀。

③加入辣椒與昆布，從底部開始攪拌。

④將菜葉浸在米糠味噌裡（拋漬法）。每天從底部大幅攪拌一次，取出菜葉丟掉，再放進新的菜葉，重複3～4次直到味道滲入。

●材料

米糠	1公斤
鹽（加入做豆腐的鹵水）	1杯
麵包1片　辣椒1根	
昆布10公分正方形　水4杯	
菜葉（高麗菜、白菜、蘿蔔葉等水分較多者）	

容器內側擦拭乾淨，蓋上蓋子。

米糠醃漬　食材充分洗淨之後再醃漬

● 小黃瓜
去蒂，抹鹽。醃漬一晚，第二天再食用。

● 茄子
去蒂，抹鹽。
（想快點吃可以縱切成二半）
醃漬一晚，第二天再食用。

● 蘿蔔
切成適當長度，縱切二半。（急著吃可以再對切）因為米糠醃料是溼的，所以蘿蔔不要剝皮。

● 胡蘿蔔
比較不容易入味，所以要剝皮，縱切成一半抹鹽。

● 芹菜
直接醃漬白色莖部，前一晚上醃漬，隔天即可食用。

● 高麗菜
去除破損的葉片，整顆洗淨，瀝乾。整顆醃漬，從外面開始吃。

● 米糠醃漬的要訣 ●

· 就算裡面沒有放食材也要每天翻攪，保持上面的新鮮。

· 要醃漬新菜時，先把裡面所有舊菜取出再放進新菜，最後再把米糠醃料蓋回原來的樣子。

手工味噌————作法

味噌的作法

超市可以買到做味噌的材料包，使用非常方便。

●材料
乾燥大豆…1.2公斤
米糠………1.2公斤
鹽…500公克（大豆的40～50%）
覆蓋用鹽…約2杯

①大豆加3倍水預泡一夜。

②開始時用大火，沸騰後轉小火，撈出湯垢之後再煮2～3小時。

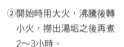

煮到用手指壓碎的程度

③把大豆用篩子撈出。（預留一點湯汁）稍冷之後再放進塑膠袋，用酒瓶壓碎。

完全看不出豆子的形狀

④米糠搗碎，與鹽拌在一起。

⑤壓碎的大豆冷卻至體溫的溫度後與④攪拌在一起做成味噌球。太硬可用湯汁調整濃度

用手揉成球狀

⑥味噌球敲打容器擠出空氣。

⑦最後從上面按壓，消除空隙壓平。

⑧用保鮮膜完全覆蓋味噌，上面灑鹽密封。

灑鹽密封是為了防止發霉

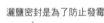

⑨蓋上蓋子，保存於通風良好的陰暗場所約10個月，即做成米味噌。

使用麥麴或豆麴即可做成麥味噌或豆味噌

資　料　篇

調味的基準

●炊煮米飯

	米	水	鹽	醬油	酒	其他
櫻花飯（醬油飯）	2杯	2杯		2大匙	大1匙	
蔬菜飯	2杯	米加一成	3/4小匙			蔬菜（生）100公克 鹽1/3小匙
地瓜飯	2杯	米加一成	3/4小匙	1大匙		地瓜100公克
小米飯	2杯	米加一成	3/4小匙		1大匙	小米1杯
竹筍飯	2杯	2杯	2/3小匙	1大匙	2大匙	煮竹筍100 公克 油豆腐1片
香菇飯	2杯	米加一成	1/2小匙	1大匙	1大匙	香菇100公克 昆布5公分
梅乾飯	2杯	2杯			1大匙	梅乾3個 魚乾3大匙、芝蔴2大匙
毛豆飯	2杯	2杯	2/3小匙	1/2大匙	1大匙	煮毛豆1/2杯 油豆腐1片、芝蔴2大匙
什錦飯	2杯	2杯	1小匙			奶油50公克 蝦、雞肉等
紅飯	糯米1杯 梗米1杯	紅豆湯汁 米增加 1～2成	1/2小匙			煮紅豆1/2杯
壽司飯（散壽司）	2杯	2杯	其他	昆布5公分 調合醋…鹽1小匙、醋3大匙、糖1大匙以上		

小匙=5cc、大匙=15cc、杯=200cc

資料篇

●燉煮

	食材	鹽	糖	醬油	水或高湯	酒、味淋	其他
煮魚	魚1片		1/2~1 小匙	1大匙	水 1大匙	1大匙	
煮什錦	魚貝、肉、蔬菜 200公克		1大匙	淹過食材	水 1~2大匙		
糖煮	加熱的地瓜 400公克	1/2 小匙	5大匙		水 1/2~1杯	味淋 2大匙	
味噌煮	魚4片		2小匙	1大匙	水 淹過食材	酒 2大匙	味噌 3大匙
關東煮	4人份	1/3 小匙	2~3 小匙	2~3 大匙	高湯2杯		
黑豆	乾燥豆2杯	1小匙	2杯	4大匙	水5杯		
熬煮	4人份	1小匙	2　3大匙	3~4 大匙	高湯 淹過食材	味淋 1大匙	

●燒烤

	食材	鹽	糖	醬油	水或高湯	酒、味淋	其他
鹽烤魚	魚片1片 魚1尾	1/3小匙 1/2匙					
照燒	魚片1片		1小匙	1大匙		味淋 1大匙	
味噌醃漬	魚、肉1人份		1小匙	1大匙			味噌 1~2大匙
薄燒蛋	蛋1個	1/8 小匙	1小匙				沙拉油 少許
厚燒蛋	蛋5個	1/2 小匙	3大匙	1/2 大匙	高湯 5~7大匙		沙拉油 少許
蛋包飯	蛋2個	1/3 小匙					沙拉油 少許
奶油燒烤	魚80~100公克 肉60~80公克	1/3小匙 1/3小匙	其他 奶油1大匙、麵粉1小匙、胡椒少許				

味道可依個人喜好增減。

加熱時間的基準

＜肉＞

燒烤	炒牛肉	肉片	大火2～6分鐘
	漢堡	絞肉	大火➡小火 單面8～10分鐘
	照燒	厚切豬肉	中火4～6分鐘
	炒雞肉	雞肉塊或雞腿肉	大火➡小火 單面15～20分鐘
	水餃	豬絞肉	大火1分鐘→中火5分鐘
炸	豬排	豬里肌肉、腰內肉	高溫5～6分鐘
	雞塊	雞腿肉	中溫4～5分鐘
煮	咖哩、燉肉	牛五花、大腿肉	沸騰後小火30分鐘
	水煮	帶雞骨的肉片	沸騰後小火20～40分鐘
	紅燒	豬肉塊或腿肉	沸騰後小火30分鐘
蒸	酒蒸	雞胸肉	大火20分鐘
	燒賣	豬絞肉	中火8～10分鐘

＜魚＞

燒烤	鹽烤	魚片	（網）大火的遠火8～10分鐘
		整尾魚	（網）大火的遠火12～15分鐘
	沾麵粉燒烤	魚片	4～5分鐘
	奶油燒烤	整尾魚	單面5～6分鐘
	照燒（平底鍋）	魚片	大火➡小火 單面6～8分鐘
	包鋁箔燒烤	魚貝類	15分鐘
油炸	天婦羅	魚貝類	高溫1～2分鐘
		什錦	高溫3分鐘
	煎烤	牡蠣	高溫1分鐘
	裹麵衣油炸	鰈魚	中溫➡高溫6分鐘
煮	煮	魚片	中火5～10分鐘
		整尾魚	中火15～20分鐘
	味噌煮	魚片	中火➡小火 10～15分鐘
	酒蒸煮	文蛤、海瓜子	大火2～3分鐘

加熱時間是以煮出湯垢為基準。

＜蛋＞

煎	荷包蛋	小火2～3分鐘
	蛋包飯	大火30秒～1分鐘
蒸	茶碗蒸	大火➡小火 12～13分鐘

※煮蛋的時間基準參閱P.204

＜蔬菜＞

烤	烤茄子	（網烤）5～6分鐘（平底鍋）10～12分鐘	
炸	薯餅	地瓜（切碎）	低溫➡中溫 4～5分鐘
	可樂餅	馬鈴薯	高溫2分鐘
煮	煮芋泥	芋類	中火20分鐘
	煮湯	高麗菜	小火20分鐘
	煮爛	南瓜	中火25分鐘
	大鍋煮	蘿蔔	中火30～35分鐘
	燙煮	葉菜類蔬菜、香菇	中火2～3分鐘
蒸	蒸芋頭		中火20～30分鐘
燙	菠菜、小松菜		水沸騰後加入燙1～3分鐘
	高麗菜、白菜、花椰菜、蘆筍、獨活等		水沸騰後加入燙2～4分鐘

＜豆子、豆腐＞

烤	鐵板豆腐	中火5～6分鐘
煮	黑豆煮爛（浸一夜水）	小火3～4分鐘
	湯豆腐	小火10分鐘（沸騰後1分鐘）
燜煮	紅豆（浸一夜水）	中火40～60分鐘
	毛豆	中火6～8分鐘

＜穀類＞

烤	焗烤	（烤箱）200度8～10分鐘
炸	春捲（生鮮餡料）	低溫➡中溫4～5分鐘

※煮飯的時間基準參閱P. 34～35
※燙麵的時間請參考包裝袋的說明

冷藏、冷凍保存的基準

●冷藏保存（溫度保持5度左右）

種類	食品名稱	保存時間	保存條件
肉	絞肉	1～2天	買回來以後拆掉包裝，將每次用量用保鮮膜加鋁箔包好保存。 放進低溫保鮮室可以延長保存日數。
	牛肉	3～4天	
	豬肉	2～3天	
	雞肉	1～2天	
魚	生魚片	1天	保鮮膜包好再用鋁箔紙包起來保存。
	魚片	2～3天	放進低溫保鮮室可以延長保存日數。
	整尾魚	2～3天	去除內臟洗乾淨以後用保鮮膜包起來儲存。 放進低溫保鮮室可以延長保存日數。
	剖開的魚	3～4天	保鮮膜包裝保存。 放進低溫保鮮室可以延長保存日數。
加工品	火腿、香腸	3～4天	保鮮膜加鋁箔紙包起來保存。
	魚板、竹輪	5～6天（整個）	放進低溫保鮮室可以延長保存日數。
	豆腐	2天	加水放進密閉容器。
乳製品	牛乳	製造日起5～6天	開封後約2天使用完畢。
	乳酸飲料	開封後1～2週	瓶栓密封。
	奶油	開封後2週	完全密封保存。
	起士	開封後2週	用保鮮膜等封住切口後再放進冰箱。

●冷凍保存（重點是溫度必須保持約負18度）

種類	食品名稱	保存重點	保存時間
魚	整尾魚	洗乾淨後瀝乾，用塑膠袋包好冷凍。	2～3週
	鹽漬鯖魚	不要切開用保鮮膜包好，包塑膠袋冷凍。	2個月
	文蛤、海瓜子	殼吐砂後洗乾淨，擺在金屬製的盤中冷凍。 結凍之後放進塑膠袋中再冷凍。	2個月
	蝦	泥腸和頭去掉，洗乾淨瀝乾水分，放進塑膠袋。	1個月
	明太子	每半副用保鮮膜包好，放進密閉容器裡冷凍。	2個月
	蝦蛄	每次用量用保鮮膜平整包好，放進冷凍庫。	2個月
	鹹魚	每尾用保鮮膜密封包好，放進塑膠袋冷凍。	1個月

種類	食品名稱	保存重點	保存時間
肉	絞肉	用保鮮膜鋪平包好後放進塑膠袋冷凍。	1個月
	薄肉片	每次用量用保鮮膜鋪平包好後放進塑膠袋冷凍。	1個月
	厚肉片	每片用保鮮膜包好冷凍。	1個月
	火腿、香腸	每次用量用保鮮膜包好後放進塑膠袋冷凍。	1個月
蔬菜	蔥	切小段後，每次用量用保鮮膜包好冷凍。	2～3個週
	生薑	打成泥以後用製冰盒做成小塊狀，放進塑膠袋冷凍。	1個月
	芹菜	整把冷凍後用塑膠袋保存，儘量放平。	3週
	胡蘿蔔	切好燙煮後，放進塑膠袋冷凍。	2個月
	豌豆莢	去筋搓鹽，燙過，放進塑膠袋冷凍。	1個月
	花椰菜	分成小株，燙過，瀝乾，放進塑膠袋冷凍。	1個月
	生鮮香菇	傘與幹分別放進塑膠袋中，擠出空氣。	2週
	番茄	每2～3個分進塑膠袋中，放進冰箱冷凍。	1個月
	菠菜	燙過，瀝乾，切成適當大小，分成每次用量。 在密閉容器中排好，放進冰箱冷凍。	2～3週
	蘿蔔	打成泥後瀝乾水分，放進塑膠袋中，鋪平冷凍。	1個月
	玉米	每支玉米分別用保鮮膜包好，放進塑膠袋冷凍。	1個月
	毛豆	搓鹽，燙煮2～3分鐘，瀝乾水分，放進塑膠袋。	1個月
	香蕉	剝皮後用保鮮膜包好冷凍。	1個月
	葡萄	每粒仔細洗過後，瀝乾水分，放進塑膠袋。	1～2個月
穀類	飯	每碗飯鋪在保鮮膜上，包好後冷凍。	1個月
	麵包	每片用保鮮膜包好後冷凍。	2個月
	麵	每份裝進塑膠袋中，擠出袋中空氣後冷凍。	1個月
加工食品	漢堡	燒烤冷卻，每個用保鮮膜包好後放進塑膠袋冷凍。	2～3週
	高麗菜捲	整形，排列在塑膠袋中冷凍。	2～3週
	納豆	整個容器包保鮮膜後冷凍。	1個月
	餃子	排在金屬盤上，用保鮮膜包好冷凍。	1個月
	茶、咖啡	買進來的茶袋直接包保鮮膜後冷凍。 咖啡豆放進塑膠袋中，密封後冷凍。	4～6個月

食品標章

● **CAS優良食品**

行政院農委會於民國78年設立。認證項目包括：肉品、冷凍食品、冷藏調理食品、即時餐食、醃漬蔬菜、釀造食品、生鮮截切蔬果等7大類。

● **食品GMP**

中文意思是指「良好作業規範」，或是「優良製造標準」。是一種注重製造過程中產生品質與衛生安全的自主性管理制度，用在食品的管理。

● **健康食品，認證字號：衛署健食字第XXX號**

食品具保健療效，經申請許可並審核通過後始得作衛生署公告認定之保健功效的標識或廣告。

● **鮮乳標章**

行政院農委會為保障消費者權益所實施的行政管理措施，以促使廠商誠實以國產生乳製造鮮乳。

● **HACCP危害分析及重點控制系統**

綠色代表安全、藍色代表清潔、紅色有美味健康的感覺。

● **GAP優良農業操作**

使用最合乎自然的耕作條件來種植農作物。

● **台灣香菇**

● **有機農產品標章**

● **OTAP標章**

2009年起有機農產品全面轉換為OTAP標章

索引

後記

距今大約9年前出版了《生活圖鑑》一書，之後就開始撰寫《料理圖鑑》。

寫完上一本書總覺得意猶未盡，心中一直浮現應該寫一本有關「飲食」書的念頭。這是因為當時看到周遭的大學生、年輕人或學童們的飲食亂象…。

飲食是生命的根源，「自己做飯吃」是求生的本能，這樣的本能卻逐漸被時代的洪流吞沒，這讓我感到憂心不已。

不但如此，包括我本身在內，許多家長在忙碌的生活中犧牲了和孩子一起輕鬆享受親子相處的時間，帶著孩子一起認識重要的飲食常識與智慧，並將傳統的飲食文化傳承給孩子的機會也愈來愈少。

這樣的危機感迫在眼前，於是誕生了《料理圖鑑》。然而，當我們處於快速變化的飲食環境與巨量的資訊奮戰的同時，時間也毫不留情的流逝著。不均衡的飲食習慣更快速入侵我們的生活之中，不吃早餐就上學的孩子也逐漸增多。幼稚園的孩童或小學生一個人吃著速食杯麵或便利超商的便當，這樣的景象隨處可見。隨著國際化的發展，狂牛症、禽流感、殘留農藥等…飲食生活的危險性，也愈來愈接近我們。

人的一生當中大約要吃8萬餐以上的飯。要吃得健康、吃得開心、吃得安全，自己必須慎選食材，並且依需要自己做飯，從飲食生活開始學習獨立，這對現代人來說是不可或缺的謀生本能。

從慎選食材開始，到了解基本的烹飪要訣與生活智慧，《料理圖鑑》希望能夠代替忙碌的父母，將這些謀生必備的知識傳遞給下一代，成為烹飪新手最佳的祕密武器。

從小學生到大學生甚至是成人，希望本書能成為烹飪新鮮人最佳的良師益友。

最後謹對為本書辛苦繪製3000多幅插畫的平野惠理子老師致上最深的謝意。

越智登代子

作者簡介

■越智登代子

1952年出生於北海道札幌。報章雜誌的專欄作家，以家庭及女性為出發點，探討高齡者、教育、育兒、生活等問題，也是演講及專題討論與電視節目的常客。主要的著作有《同時兼顧事業與家庭的高齡者看護》（東京新聞出版局）《生活圖鍵》《媽媽的小時候》《當你小的時候》《現在正在工作》（以上是福音館書店）《外婆在找的東西》（岩崎書店）等。目前居住在橫濱市。

■ 平野惠理子

1961年出生於靜岡縣，插畫家、隨筆作家。出版許多有關山居、旅行及家居生活的插畫與隨筆作品。主要的著作有《和心生活》（筑摩文庫）《享受手作生活的每一天》（SONY MAGAZINE）《好吃的便當》（誠文堂新光社）《快樂的山中散步》（山與溪谷社）《我的和風道具帖》（清流出版）《沒有庭園的園藝家》（晶文社等）。繪本及童書包括《開啟》（「兒童之友年少版」第350號）《生活圖鑑》（福音館書店）《由你守護你的心與身體》（童話館）等。目前居住在東京都。

國家圖書館出版品預行編目(CIP)資料

料理圖鑑：前進廚房的1500個祕訣/
越智登代子文；平野惠理子繪；楊曉婷譯. — 二版. —
新北市：遠足文化，2018.09

譯自：料理図鑑 『生きる底力』をつけよう
ISBN 978-957-8630-61-1(平裝)
1.烹飪

427.8   107011294

料理圖鑑

前進廚房的

1500 個祕訣

作者｜越智登代子　　繪者｜平野惠理子　　譯者｜楊曉婷　　執行長｜陳蕙慧　　行銷總監｜李逸文　　編輯顧問｜呂學正、傅新書　　執行編輯｜林復　　責編｜王凱林　　美術編輯｜林敏煌　　封面設計｜謝捲子　　社長｜郭重興　　發行人｜曾大福　　出版者｜遠足文化事業股份有限公司　　地址｜231新北市新店區民權路108-2號9樓　　電話｜(02)22181417　　傳真｜(02)22188057　　電郵｜service@bookrep.com.tw　　郵撥帳號｜19504465　　客服專線｜0800221029　　網址｜http://www.bookrep.com.tw　　法律顧問｜華洋法律事務所　蘇文生律師　　印製｜成陽印刷股份有限公司　　電話｜（02）22651491

訂價　380元
ISBN　978-957-8630-61-1
二版一刷　西元2018年9月
二版六刷　西元2023年4月
©2009 Walkers Cultural Printed in Taiwan

ILLUSTRATED GUIDE TO FOOD AND COOKING

Text © Toyoko Ochi 2006

Illustrations © Eriko Hirano 2006

Originally published by Fukuinkan Shoten Publishers, Inc., Tokyo, Japan, in 2006
under the title of Ryouri Zukan ILLUSTRATED GUIDE TO FOOD AND COOKING
The Complex Chinese language rights arranged with Fukuinkan Shoten Publishers, Inc., Tokyo.
All rights reserved.

當令食材

魚貝類

春

鰆魚
平魪
緋魚
真鯛
鱒魚
白魚
海瓜子
文蛤
榮螺

夏

竹莢魚	日本魷
櫻鮭	鮑魚
香魚	海膽

鱔鰻
鰻魚
海水鰻
鱸魚
鰹魚（初生的鰹魚）
蜆（土用蜆）
沙腸魚

秋

秋刀魚
沙丁魚
吻仔魚
鮭魚
鱒魚
鯉魚
鯖魚
白帶魚
蝦蛄
鰹魚（回游的鰹魚）

冬

鮟鱇魚	車蝦
河豚	甜蝦
鱈魚	干貝
鰤魚	蜆（寒蜆）
青花魚	牡蠣
金目鯛	
鰈魚	
魬魚	
叉牙魚	
松葉蟹	

魚貝類或蔬菜類等產量豐盛的季節，就稱為「當令」。

蔬菜類

春

蜂斗菜　　　芹菜
苜蓿芽　　　菜心
筑紫薊
蕨類
紫萁
艾草
獨活
蕪菁（春蕪菁）
蘆筍
竹筍
馬鈴薯（新生馬鈴薯）
高麗菜

夏

萵苣　　　秋葵
小黃瓜　　毛豆
茄子　　　西洋芹
玉米　　　生薑
番茄　　　日本薑
青椒　　　桃子
冬瓜　　　茄子
南瓜　　　西瓜
韭菜　　　葡萄
紫蘇
豌豆莢
蠶豆

秋

馬鈴薯
地瓜
芋頭
松茸
白花椰菜
青江菜
春菊
牛蒡
柿子
栗子
蘋果

冬

蘿蔔
蕪菁
白菜
高麗菜心
蔥
菠菜
小松菜
綠花椰菜
蓮藕
慈菇
山藥
橘子

當令的第一批產物就是「當令初產物」。